DUDEN Schülerhilfen

Quadratische Gleichungen und Ungleichungen

DUDEN Schülerhilfen

DEUTSCH

Aufsatz 1
2. und 3. Schuljahr

Aufsatz 2
3. und 4. Schuljahr

Aufsatz/Erzählen
5. bis 7. Schuljahr

Aufsatz/Beschreibung
7. bis 10. Schuljahr

Aufsatz/Inhaltsangabe
7. bis 9. Schuljahr

Aufsatz/Bericht
8. bis 10. Schuljahr

Aufsatz/Erörterung
8. bis 10. Schuljahr

Schreibspiele
ab 3. Schuljahr

Lesespiele
ab 3. Schuljahr

Rechtschreibung 1
2. und 3. Schuljahr

Rechtschreibung 2
3. und 4. Schuljahr

Rechtschreibung 3
4. und 5. Schuljahr

Rechtschreibung 4
5. und 6. Schuljahr

Rechtschreibung 5
7. und 8. Schuljahr

Grundwortschatz
3. und 4. Schuljahr

Schön schreiben und gestalten
2. bis 4. Schuljahr

Grammatik
4. und 5. Schuljahr

MATHEMATIK

Grundrechenarten 1
ab 2. Schuljahr

Grundrechenarten 2
ab 3. Schuljahr

Größen und Maße
ab 5. Schuljahr

Rechenspiele
ab 4. Schuljahr

Gleichungen und Ungleichungen 1
5. und 6. Schuljahr

Rechenbäume – Terme – Texte
5. und 6. Schuljahr

Lösen von Sachaufgaben
5. und 6. Schuljahr

Flächen und ihre Berechnung 1
5. bis 8. Schuljahr

Körper und ihre Berechnung 1
5. bis 8. Schuljahr

Dezimalbrüche
6. Schuljahr

Teiler und Vielfache
6. Schuljahr

Brüche
6. und 7. Schuljahr

Dreisatz und Prozente
6. bis 8. Schuljahr

Aufbau des Zahlensystems, vollständige Induktion
ab 7. Schuljahr

Gleichungen und Ungleichungen 2
7. und 8. Schuljahr

Dreieckskonstruktionen
7. und 8. Schuljahr

Viereckskonstruktionen
7. und 8. Schuljahr

Bruchgleichungen und Bruchungleichungen
8. Schuljahr

Textgleichungen 1
8. Schuljahr

Gleichungen mit zwei Unbekannten
8. und 9. Schuljahr

Textgleichungen 2
7. bis 9. Schuljahr

Quadratische Gleichungen und Ungleichungen
9. Schuljahr

Wurzeln und Potenzen
9. und 10. Schuljahr

Flächen und ihre Berechnung 2
9. und 10. Schuljahr

Körper und ihre Berechnung 2
9. und 10. Schuljahr

Trigonometrie
10. Schuljahr

Logarithmen und Exponentialgleichungen
10. Schuljahr

CHEMIE

Grundlagen der Chemie
8. bis 10. Schuljahr

Weitere Bände sind in Vorbereitung

DUDEN
Schülerhilfen

Quadratische Gleichungen und Ungleichungen

Zum selbstständigen Wiederholen und Üben

von Hans Borucki
mit Illustrationen
von Detlef Surrey

DUDENVERLAG
Mannheim · Leipzig · Wien · Zürich

Die Deutsche Bibliothek – CIP-Einheitsaufnahme
Duden-Schülerhilfen
Mannheim; Leipzig; Wien; Zürich: Dudenverl.
Früher im Verl. Bibliograph. Inst., Mannheim, Wien, Zürich
Mathematik. Quadratische Gleichungen und Ungleichungen.
Zum selbstständigen Wiederholen und Üben / von Hans Borucki. – 1998
ISBN 3-411-70102-1

Das Wort DUDEN ist für den Verlag
Bibliographisches Institut & F. A. Brockhaus AG
als Marke geschützt.

Das Werk wurde in neuer Rechtschreibung verfasst.

Satz: particular Preprint- & Medien-Service,
Axel & Kai-Uwe Schilling GbR, Bonn
Druck: Neue Stalling GmbH, Oldenburg
Gedruckt auf Eural Super Recyclingpapier matt gestrichen
Bindearbeit: Schöneberger Buchbinderei, Berlin
Printed in Germany
ISBN 3-411-70102-1

Liebe Schülerinnen und Schüler,

wer von euch kennt sie nicht, diese unangenehme Situation: Da taucht nach längerer Zeit mal wieder eine quadratische Gleichung oder eine quadratische Ungleichung an der Tafel auf, der Lehrer schaut fragend in die Klasse, und man duckt sich hinter den Vordermann.

Die allgemeine Lösungsformel für quadratische Gleichungen?
Längst vergessen.
Und wie war das mit der quadratischen Ergänzung?
Auch längst vergessen.

Diesem Zustand muss aber unbedingt abgeholfen werden, denn quadratische Gleichungen und Ungleichungen werden euch bis zum Ende eurer Schulausbildung und oft auch noch darüber hinaus begleiten. Also muss wiederholt und geübt werden!
Und genau für diesen Fall ist der vorliegende Band der Duden-Schülerhilfen gedacht.
Schritt für Schritt und anhand zahlreicher vollständig durchgerechneter Aufgaben werden die Lösungsverfahren für quadratische Gleichungen entwickelt, bis hin zur allgemeinen Lösungsformel.

Ein Kapitel über Gleichungen und Ungleichungen mit Beträgen leitet über zu den quadratischen Ungleichungen. Auch hier werden die einzelnen Lösungsverfahren durch zahlreiche Beispiele veranschaulicht. Und weil sich der Lernerfolg nur nach hinreichender Übung einzustellen pflegt, schließt sich an jeden einzelnen Lernschritt ein umfangreicher Aufgabenblock an. Jedes Kapitel wird durch einen Test abgeschlossen, mit dessen Hilfe ihr euren Lernerfolg selbst kontrollieren könnt. Und wenn ihr den großen Abschlusstest auf S. 101 mit Anstand hinter euch gebracht habt, dann werdet ihr euch im Ernstfall nicht mehr hinter eurem Vordermann verstecken müssen, sondern könnt dem fragenden Lehrer gelassen ins Auge blicken.

Vorwort

Um dir die Orientierung zu erleichtern, sind kleine optische Hilfen eingebaut. Besonders gekennzeichnet sind auf diese Weise

Merksätze, →

Regeln, Definitionen, →

Beispiele, →

Übungsaufgaben, →

Lösungshinweise und **Lösungen.** →

Übrigens: An die 120 Textaufgaben, die auf quadratische Gleichungen führen, findest du, teilweise ausführlich vorgerechnet, teilweise mit Lösungshinweisen versehen, im Band „Textgleichungen 2" der Reihe Duden-Schülerhilfen.

Hans Borucki

Mellrichstadt, im Frühjahr 1998

1. Kapitel

Was du unbedingt wissen musst über binomische Formeln

2. Kapitel

Quadratische Gleichungen

3. Kapitel

Betragsgleichungen und Betragsungleichungen

Inhaltsverzeichnis

4. Kapitel

5. Kapitel

6. Kapitel

Was du unbedingt wissen musst über binomische Formeln

Wer die Lösungsverfahren für quadratische Gleichungen und Ungleichungen verstehen und beherrschen will, der muss sich mit den binomischen Formeln auskennen. Deshalb wird in diesem Kapitel zunächst alles Wesentliche, was du in der 8. Klasse über diese wichtigen Formeln kennen gelernt hast, wiederholt.

1. Die 1. binomische Formel

Wenn du das Quadrat einer Summe berechnen sollst,	$(3x + 2y)^2 =$
dann schreibst du zunächst das Quadrat als Produkt,	$(3x + 2y) \cdot (3x + 2y) =$
berechnest dieses Produkt, indem du jedes Glied der 1. Klammer mit jedem Glied der 2. Klammer multiplizierst,	$9x^2 + 6xy + 6xy + 4y^2 =$
und fasst das so erhaltene Ergebnis so weit wie möglich zusammen.	$9x^2 + 12xy + 4y^2.$

Einfacher kommst du zum Ergebnis über die

1. binomische Formel

$$(a + b)^2 = a^2 + 2ab + b^2$$

1 Die binomischen Formeln

Du brauchst nur anstelle von a und b die entsprechenden Terme der vorliegenden Aufgabe einzusetzen. In unserem Fall ist $a = 3x$ und $b = 2y$.

Und so wendest du die 1. binomische Formel an:

$$(a + b)^2 = a^2 + 2 \cdot a \cdot b + b^2$$

$a = 3x$ | $b = 2y$ | $a^2 = (3x)^2$ | $a = 3x$ | $b = 2y$ | $b^2 = (2y)^2$

$$\begin{aligned}(3x + 2y)^2 &= (3x)^2 + 2 \cdot 3x \cdot 2y + (2y)^2 \\ &= 9x^2 + 12xy + 4y^2\end{aligned}$$

Weitere Beispiele:

- $$(a + b)^2 = a^2 + 2 \cdot a \cdot b + b^2$$
  $$\begin{aligned}\left(\frac{3}{4}v + \frac{2}{3}w\right)^2 &= \left(\frac{3}{4}v\right)^2 + 2 \cdot \frac{3}{4}v \cdot \frac{2}{3}w + \left(\frac{2}{3}w\right)^2 \\ &= \frac{9}{16}v^2 + 1vw + \frac{4}{9}w^2\end{aligned}$$

- $$(a + b)^2 = a^2 + 2 \cdot a \cdot b + b^2$$
  $$\begin{aligned}(0{,}5a + 1{,}2b)^2 &= (0{,}5a)^2 + 2 \cdot 0{,}5a \cdot 1{,}2b + (1{,}2b)^2 \\ &= 0{,}25a^2 + 1{,}2ab + 1{,}44b^2\end{aligned}$$

1 Berechne ebenso.

a) $(2u + 3v)^2$; **b)** $(7c + 5d)^2$; **c)** $(4x + 12y)^2$;

d) $(1{,}1a + 0{,}5b)^2$; **e)** $(2{,}5v + 1{,}2w)^2$; **f)** $\left(\frac{2}{3}x + \frac{4}{5}y\right)^2$;

g) $\left(1\frac{1}{2}d + 4\frac{2}{3}e\right)^2$; **h)** $(12a + 0{,}2b)^2$; **i)** $\left(\frac{3}{5}e + 2{,}1f\right)^2$.

Bisher haben wir die 1. binomische Formel dazu verwendet, um ein Quadrat in eine Summe zu verwandeln.

Ausgegangen sind wir vom **Quadrat** einer Summe:	Erhalten haben wir eine dreigliedrige **Summe:**

$$(a+b)^2 = a^2 + 2ab + b^2;$$
$$\text{z.B.}\quad (4x+5y)^2 = 16x^2 + 40xy + 25y^2.$$

Umgekehrt können wir aber die 1. binomische Formel auch dazu verwenden, um bestimmte dreigliedrige Summen als Quadrate zu schreiben.

Wir gehen aus von einer dreigliedrigen **Summe** der Form:	Wir erhalten das **Quadrat** einer Summe:

$$a^2 + 2ab + b^2 = (a+b)^2;$$
$$\text{z.B.}\quad 9v^2 + 12vw + 4w^2 = (3v+2w)^2.$$

Eine dreigliedrige Summe, die sich in Form eines Quadrats schreiben lässt, wird als **vollständiges Quadrat** bezeichnet.

Der Term $25x^2 + 30xy + 9y^2$

ist ein vollständiges Quadrat, denn er lässt sich in die Form

$$(5x+3y)^2$$

bringen.

Probe: $(5x+3y)^2 = (5x)^2 + 2 \cdot 5x \cdot 3y + (3y)^2 = 25x^2 + 30xy + 9y^2.$

Weitere Beispiele für vollständige Quadrate:

$$4u^2 + 20uv + 25v^2 = (2u + 5v)^2;$$
$$9a^2 + 6ab + b^2 = (3a + b)^2;$$
$$25x^2 + 40x + 16 = (5x + 4)^2.$$

Natürlich ist nicht jede dreigliedrige Summe ein vollständiges Quadrat. Beispiele dafür sind die folgenden Summen:

$$9a^2 + 6ab + 4b^2;$$
$$16x^2 + 20x + 25;$$
$$36u^2 + 16uv + 9v^2.$$

Sie lassen sich nicht als Quadrat einer Summe schreiben.

Eine dreigliedrige Summe kann nur dann ein vollständiges Quadrat sein, wenn

- zwei der drei Summanden Quadrate sind und
- der dritte Summand die Bedingung des mittleren Gliedes $2 \cdot a \cdot b$ der 1. binomischen Formel erfüllt.

Diese beiden Summanden sind Quadrate, denn $16x^2 = (4x)^2$ und $49y^2 = (7y)^2$.

$$16x^2 \quad + \quad 56xy \quad + \quad 49y^2$$

Dieser Summand erfüllt die Bedingung $2 \cdot a \cdot b$ des mittleren Gliedes der 1. binomischen Formel, denn mit $a = 4x$ und $b = 7y$ ergibt sich: $2 \cdot 4x \cdot 7y = 56xy$.

Ergebnis: Der Term $16x^2 + 56xy + 49y^2$ ist ein vollständiges Quadrat und es gilt:

$$16x^2 + 56xy + 49y^2 = (4x + 7y)^2.$$

Diese beiden Summanden sind Quadrate, denn $4v^2 = (2v)^2$ und $16w^2 = (4w)^2$.

$$4v^2 \quad + \quad 8vw \quad + \quad 16w^2$$

Dieser Summand erfüllt **nicht** die Bedingung $2 \cdot a \cdot b$ des mittleren Gliedes der 1. binomischen Formel, denn mit $a = 2v$ und $b = 4w$ ergibt sich: $2 \cdot 2v \cdot 4w = 16vw \neq 8vw$.

Ergebnis: Der Term $4v^2 + 8vw + 16w^2$ ist **kein** vollständiges Quadrat.

Wenn du nachprüfen sollst, ob eine gegebene dreigliedrige Summe ein vollständiges Quadrat ist, dann kannst du nach dem folgenden Schema vorgehen:

__1. Frage:__ Sind zwei Summanden der gegebenen Summe Quadrate?

nein → ***Ergebnis:*** *Die gegebene dreigliedrige Summe ist kein vollständiges Quadrat.*

ja → ***2. Frage:*** *Erfüllt der 3. Summand die Bedingung $2 \cdot a \cdot b$ des mittleren Gliedes der 1. binomischen Formel?*

nein → ***Ergebnis:*** *Die gegebene dreigliedrige Summe ist kein vollständiges Quadrat.*

ja → ***Ergebnis:*** *Die gegebene dreigliedrige Summe ist ein vollständiges Quadrat.*

2 Suche die vollständigen Quadrate heraus und bringe sie in die Form $(a + b)^2$.

a) $9a^2 + 3ab + b^2$; **b)** $4x^2 + 20xy + 25y^2$; **c)** $49u^2 + 42uv + 36v^2$;
d) $c^2 + 24cd + 144d^2$; **e)** $x^2 + 5x + 6{,}25$; **f)** $a^2 + a + 0{,}25$;
g) $x^2 + \frac{2}{5}xy + \frac{4}{25}y^2$; **h)** $2{,}25x^2 + 2{,}7x + 0{,}81y^2$.

1 Die binomischen Formeln

Die zweigliedrige Summe $x^2 + 8xy$ soll durch Addieren eines quadratischen Terms zu einem vollständigen Quadrat ergänzt werden.

Überlege so:

In der 1. binomischen Formel erhält man b, wenn man das mittlere Glied 2ab durch 2a dividiert, denn

$$\frac{2ab}{2a} = \frac{\overset{1}{\cancel{2}}\overset{1}{\cancel{a}}b}{\underset{1}{\cancel{2}}\underset{1}{\cancel{a}}} = b.$$

$$\frac{2ab}{2a} = b$$

$$a^2 + 2ab + b^2 = (a + b)^2.$$

Ersetzt man hierin a durch x und 2ab durch 8xy, dann erhält man die Lösung des vorliegenden Problems.

$$\frac{8xy}{2x} = 4y$$

$$x^2 + 8xy + (4y)^2 = (x + 4y)^2$$

$$x^2 + 8xy + 16y^2 = (x + 4y)^2.$$

Der so erhaltene quadratische Term, der die gegebene zweigliedrige Summe zu einem vollständigen Quadrat ergänzt, wird häufig als **quadratische Ergänzung** bezeichnet.

Das Ergebnis unserer Aufgabe lautet also: Die quadratische Ergänzung ist $16y^2$.

Weitere Beispiele in ausführlicher Form:

- Der Term $v^2 + 24vw$ soll zu einem vollständigen Quadrat ergänzt werden.

$$\frac{24vw}{2v} = 12w$$

$$v^2 + 24vw + (12w)^2 = (v + 12w)^2$$

$$v^2 + 24vw + 144w^2 = (v + 12w)^2.$$

Ergebnis: Die quadratische Ergänzung ist $144w^2$.

- Der Term $a^2 + \frac{5}{8}a$ soll zu einem vollständigen Quadrat ergänzt werden.

$$\frac{\frac{5}{8}a}{2a} = \frac{5}{16}$$

$$a^2 + \frac{5}{8}a + \left(\frac{5}{16}\right)^2 = \left(a + \frac{5}{16}\right)^2$$

$$a^2 + \frac{5}{8}a + \frac{25}{256} = \left(a + \frac{5}{16}\right)^2.$$

Ergebnis: Die quadratische Ergänzung ist $\frac{25}{256}$.

3 Ergänze ebenso zu vollständigen Quadraten.

a) $a^2 + 12ab$; **b)** $x^2 + 5xy$; **c)** $c^2 + 4c$; **d)** $v^2 + \frac{2}{3}v$;

e) $x^2 + 0{,}5x$; **f)** $d^2 + 9d$; **g)** $a^2 + 3\frac{1}{2}a$; **h)** $x^2 + 8x$.

2. Die 2. binomische Formel

Wenn du das Quadrat einer Differenz berechnen sollst, → $(3x - 2y)^2 =$

1. Schritt:
dann schreibst du zunächst das Quadrat als Produkt, → $(3x - 2y) \cdot (3x - 2y) =$

2. Schritt:
berechnest dieses Produkt, indem du jedes Glied der 1. Klammer mit jedem Glied der 2. Klammer multiplizierst, → $9x^2 - 6xy - 6xy + 4y^2 =$

3. Schritt:
und fasst das so erhaltene Ergebnis so weit wie möglich zusammen. → $9x^2 - 12xy + 4y^2$.

Einfacher kommst du zum Ergebnis über die

2. binomische Formel

$$(a - b)^2 = a^2 - 2ab + b^2$$

Du brauchst nur anstelle von a und b die entsprechenden Terme der vorliegenden Aufgabe einzusetzen.

In unserem Fall ist $a = 3x$ und $b = 2y$.

Und so wirds gemacht:

$$(a - b)^2 = a^2 - 2 \cdot a \cdot b + b^2$$

$a = 3x$, $b = 2y$, $a^2 = (3x)^2$, $a = 3x$, $b = 2y$, $b^2 = (2y)^2$

$$(3x - 2y)^2 = (3x)^2 - 2 \cdot 3x \cdot 2y + (2y)^2$$
$$= 9x^2 - 12xy + 4y^2.$$

Weitere Beispiele:

- $$(a - b)^2 = a^2 - 2 \cdot a \cdot b + b^2$$
$$\left(\frac{2}{3}u - \frac{9}{16}v\right)^2 = \left(\frac{2}{3}u\right)^2 - 2 \cdot \left(\frac{2}{3}u\right) \cdot \left(\frac{9}{16}v\right) + \left(\frac{9}{16}v\right)^2$$
$$= \frac{4}{9}u^2 - \frac{3}{4}uv + \frac{81}{256}v^2.$$

- $$(a - b)^2 = a^2 - 2 \cdot a \cdot b + b^2$$
$$(1{,}2a - 2{,}5b)^2 = (1{,}2a)^2 - 2 \cdot (1{,}2a) \cdot (2{,}5b) + (2{,}5b)^2$$
$$= 1{,}44a^2 - 6ab + 6{,}25b^2.$$

4 Berechne ebenso.

a) $(5x - 3y)^2$; **b)** $(12c - 10d)^2$; **c)** $(u - 3v)^2$; **d)** $(2{,}1a - 0{,}9b)^2$;

e) $(2{,}5a - 1{,}3b)^2$; **f)** $\left(\frac{3}{5}x - \frac{2}{3}y\right)^2$; **g)** $\left(2\frac{1}{3}d - 1\frac{1}{4}\right)^2$; **h)** $(14a - 0{,}1)^2$;

i) $\left(\frac{2}{9}x - 2\right)^2$; **k)** $(x - 3{,}1)^2$.

Ebenso, wie wir die 1. binomische Formel

$$(a + b)^2 = a^2 + 2ab + b^2$$

dazu benutzt haben, um einen dreigliedrigen Term in das **Quadrat einer Summe** zu verwandeln, benutzen wir jetzt die 2. binomische Formel

$$(a - b)^2 = a^2 - 2ab + b^2$$

dazu, um einen dreigliedrigen Term in das **Quadrat einer Differenz** zu verwandeln.

Wir gehen aus von einem dreigliedrigen Term der Form:	Wir erhalten das Quadrat einer Differenz:
$a^2 - 2ab + b^2$	$= (a - b)^2$;
z. B. $4c^2 - 24cd + 36d^2$	$= (2c - 6d)^2$.

Dreigliedrige Terme, die sich mithilfe der 1. binomischen Formel als Quadrate einer Summe schreiben lassen, haben wir als **vollständige Quadrate** bezeichnet.
Von jetzt ab bezeichnen wir auch solche dreigliedrigen Terme als **vollständige Quadrate,** die sich mithilfe der 2. binomischen Formel als Quadrat einer Differenz schreiben lassen.

Der Term

$$144x^2 - 120xy + 25y^2$$

ist ein vollständiges Quadrat, denn er lässt sich in die Form

$$(12x - 5y)^2$$

bringen.

Probe:

$$(12x - 5y)^2 = (12x)^2 - 2 \cdot 12x \cdot 5y + (5y)^2$$
$$= 144x^2 - 120xy + 25y^2.$$

Wenn wir untersuchen sollen, ob ein gegebener Term ein vollständiges Quadrat ist, dann können wir im Falle der 2. binomischen Formel genauso vorgehen, wie wir das schon bei der 1. binomischen Formel gelernt und geübt haben (siehe Seite 12).

- Es soll untersucht werden, ob der Term $49x^2 - 112x + 64$ ein vollständiges Quadrat ist.

Diese beiden Glieder sind Quadrate, denn $49x^2 = (7x)^2$ und $64 = 8^2$.

$$49x^2 \quad - \quad 112x \quad + \quad 64$$

Dieses Glied erfüllt die Bedingung $2 \cdot a \cdot b$ des mittleren Gliedes der binomischen Formel, denn $2 \cdot 7x \cdot 8 = 112x$.

Ergebnis: Der gegebene Term ist ein vollständiges Quadrat und es gilt: $49x^2 - 112xy + 64 = (7x - 8)^2$.

Es soll untersucht werden, ob der Term $2{,}25a^2 - 6{,}3ab + 1{,}44b^2$ ein vollständiges Quadrat ist.

Diese beiden Glieder sind Quadrate, denn $2{,}25a^2 = (1{,}5a)^2$ und $1{,}44b^2 = (1{,}2b)^2$.

$$2{,}25a^2 \quad - \quad 6{,}3ab \quad + \quad 1{,}44b^2$$

Dieses Glied erfüllt **nicht** die Bedingung $2 \cdot a \cdot b$ des mittleren Gliedes der binomischen Formel, denn $2 \cdot 1{,}5a \cdot 1{,}2b = 3{,}6ab \neq 6{,}3ab$

Ergebnis: Der gegebene Term ist kein vollständiges Quadrat.

5 Suche die vollständigen Quadrate heraus und bringe sie in die Form $(a - b)^2$.

a) $25x^2 - 15xy + 9y^2$; **b)** $4a^2 - 10ab + 6{,}25b^2$; **c)** $2{,}25c^2 - 9cd + 9d^2$;

d) $\frac{4}{81}u^2 - \frac{1}{6}uv + \frac{9}{16}v^2$; **e)** $\frac{9}{16}c^2 - \frac{1}{3}cd + \frac{4}{81}d^2$;

f) $x^2 - 1{,}3x + 1{,}69$; **g)** $x^2 - 1\frac{3}{5}x + \frac{16}{25}$; **h)** $1{,}44x^2 - 6x + 25$.

Die Differenz $x^2 - 12xy$ soll durch Hinzufügen eines quadratischen Terms zu einem vollständigen Quadrat der Form $(a - b)^2$ ergänzt werden.

Zur Lösung dieser Aufgabe gehen wir genauso vor, wie wir das auf Seite 14 im Zusammenhang mit der 1. binomischen Formel getan haben und erhalten:

$$\frac{12xy}{2x} = 6y$$

$$x^2 - 12xy + (6y)^2 = (x - 6y)^2;$$

$$x^2 - 12xy + 36y^2 = (x - 6y)^2.$$

Auch in diesem Fall spricht man von einer **quadratischen Ergänzung.** Das Ergebnis unserer Aufgabe lautet also:

Die quadratische Ergänzung ist $36y^2$.

Weitere Beispiele:

- Die Differenz $x^2 - \frac{2}{3}x$ soll zu einem vollständigen Quadrat ergänzt werden.

$$\frac{\frac{2}{3}x}{2x} = \frac{1}{3}$$

$$x^2 - \frac{2}{3}x + \left(\frac{1}{3}\right)^2 = \left(x - \frac{1}{3}\right)^2;$$

$$x^2 - \frac{2}{3}x + \frac{1}{9} = \left(x - \frac{1}{3}\right)^2.$$

Ergebnis: Die quadratische Ergänzung ist $\frac{1}{9}$.

- Der Term $x^2 - 3x$ soll zu einem vollständigen Quadrat ergänzt werden.

$$\frac{3x}{2x} = \frac{3}{2}$$

$$x^2 - 3x + (1{,}5)^2 = (x - 1{,}5)^2;$$

$$x^2 - 3x + 2{,}25 = (x - 1{,}5)^2.$$

Ergebnis: Die quadratische Ergänzung ist 2,25.

6 Ergänze ebenso zu vollständigen Quadraten.

a) $x^2 - 6xy$; **b)** $a^2 - ab$; **c)** $d^2 - 3d$; **d)** $u^2 - \frac{1}{2}u$;

e) $x^2 - 12x$; **f)** $a^2 - 0{,}8a$; **g)** $e^2 - 5ef$; **h)** $x^2 - 1{,}5x$.

3. Zusammenfassung

Das hast du im 1. Kapitel gelernt:

*Mithilfe der **1. binomischen Formel** lässt sich auf einfache Weise das **Quadrat einer Summe** berechnen.*

$$\boxed{(a+b)^2 = a^2 + 2ab + b^2}$$

$$(3x+7y)^2 = (3x)^2 + 2\cdot 3x\cdot 7y + (7y)^2 = 9x^2 + 42xy + 49y^2.$$

*Mithilfe der **2. binomischen Formel** lässt sich auf einfache Weise das **Quadrat einer Differenz** berechnen.*

$$\boxed{(a-b)^2 = a^2 - 2ab + b^2}$$

$$(4x-5y)^2 = (4x)^2 - 2\cdot 4x\cdot 5y + (5y)^2 = 16x^2 - 40xy + 25y^2.$$

*Mithilfe der **1. binomischen Formel** lassen sich bestimmte dreigliedrige Terme **(vollständige Quadrate)** als Quadrate einer Summe schreiben.*

$$\boxed{a^2 + 2ab + b^2 = (a+b)^2}$$

$$16x^2 + 24xy + 9y^2 = (4x+3y)^2.$$

*Mithilfe der **2. binomischen Formel** lassen sich bestimmte dreigliedrige Terme **(vollständige Quadrate)** als Quadrate einer Differenz schreiben.*

$$\boxed{a^2 - 2ab + b^2 = (a-b)^2}$$

$$81x^2 - 36xy + 4y^2 = (9x-2y)^2.$$

*Eine zweigliedrige Summe lässt sich durch Hinzufügen eines quadratischen Terms **(quadratische Ergänzung)** zu einem vollständigen Quadrat ergänzen.*

$$\boxed{\frac{14xy}{2x} = 7y}$$

$$x^2 + 14xy + (7y)^2 = (x+7y)^2;$$

$$x^2 + 14xy + 49y^2 = (x+7y)^2.$$

*Eine Differenz lässt sich durch Hinzufügen eines quadratischen Terms **(quadratische Ergänzung)** zu einem vollständigen Quadrat ergänzen.*

$$\boxed{\frac{5xy}{2x} = \frac{5}{2}y}$$

$$x^2 - 5xy + \left(\frac{5}{2}y\right)^2 = \left(x - \frac{5}{2}y\right)^2;$$

$$x^2 - 5xy + \frac{25}{4}y^2 = \left(x - \frac{5}{2}y\right)^2.$$

Mit dem folgenden Test kannst du überprüfen, ob du den Stoff des 1. Kapitels beherrschst und anwenden kannst. Mehr als drei Fehler pro Aufgabenblock sollten dir dabei nicht unterlaufen.

4. Test zum 1. Kapitel

1 Berechne mithilfe der binomischen Formeln.

a) $(3x + 4y)^2$; **b)** $(2x - 5y)^2$; **c)** $(a - 1{,}2b)^2$; **d)** $(7u + 3v)^2$;

e) $(0{,}5x + y)^2$; **f)** $\left(\frac{2}{3}e - \frac{1}{2}d\right)^2$; **g)** $(0{,}9a - 1{,}5b)^2$; **h)** $\left(\frac{4}{5}x + 0{,}2y\right)^2$;

i) $(x - 15)^2$; **k)** $(a + 12)^2$.

2 Welche der folgenden Terme sind vollständige Quadrate?

a) $4x^2 + 32xy + 64y^2$; **b)** $16a^2 - 8ab + 4b^2$;

c) $\frac{4}{25}c^2 - \frac{3}{5}cd + \frac{9}{16}d^2$; **d)** $1{,}44x^2 - 3{,}6xy + 9y^2$;

e) $0{,}04a^2 + 0{,}12ab + 0{,}09b^2$; **f)** $0{,}49x^2 - 4{,}9xy + 9y^2$;

g) $\frac{16}{81}c^2 - \frac{2}{3}cd + \frac{9}{16}d^2$; **h)** $x^2 - 30x + 225$;

i) $x^2 + 1\frac{4}{6}x + \frac{25}{36}$; **k)** $a^2 - 3{,}5a + 12{,}25$.

3 Ergänze zu vollständigen Quadraten.

a) $a^2 + 8ab$; **b)** $x^2 - 12xy$; **c)** $c^2 - 3cd$; **d)** $v^2 - 11v$; **e)** $x^2 + 5x$;

f) $a^2 + 3a$; **g)** $b^2 - \frac{3}{4}b$; **h)** $x^2 + \frac{1}{2}x$; **i)** $v^2 - 2{,}4v$; **k)** $x^2 + \frac{7}{8}x$.

Quadratische Gleichungen

Bei einer **quadratischen Gleichung** tritt die gesuchte Zahl x mindestens einmal als x^2, also in der 2. Potenz auf. Beispiele für quadratische Gleichungen sind:

$$x^2 + 6x - 7 = 0;$$
$$5x^2 + 3x = 18;$$
$$3x - 17x^2 = 15x^2 + 5x - 48.$$

Bisweilen gibt sich das quadratische Glied, also das Glied mit dem „x^2", nicht ganz so offen zu erkennen.

Dass es sich bei den Gleichungen

$$(x + 3)^2 = 17 \quad \text{bzw.} \quad (x - 5) \cdot (x + 8) = 0$$

um quadratische Gleichungen handelt, erkennt man spätestens dann, wenn man die linken Seiten ausmultipliziert. Die beiden Gleichungen sehen dann so aus:

$$x^2 + 6x + 9 = 17 \quad \text{bzw.} \quad x^2 + 3x - 40 = 0.$$

Weitere Beispiele für derartige quadratische Gleichungen:

$$(x - 2)^2 = 3x + 5;$$
$$5x - 7 = (x + 4) \cdot (3 - x);$$
$$x \cdot (6 - x) = 8x.$$

1. Quadratische Gleichungen der Form $(x - a) \cdot (x - b) = 0$

Gegeben ist die quadratische Gleichung $(x-3)\cdot(x-5)=0$.

Zu ihrer Lösungsmenge führt uns schrittweise die folgende Überlegung.

1. Schritt:
Die linke Seite der gegebenen Gleichung ist das Produkt aus den beiden Faktoren $(x-3)$ und $(x-5)$. Der Wert dieses Produktes soll 0 sein. → $(x-3)\cdot(x-5)=0$

2. Schritt:
Der Wert eines Produktes ist nur dann 0, wenn mindestens einer der Faktoren 0 ist. Im vorliegenden Fall muss also der 1. Faktor oder der 2. Faktor 0 sein. → $(x-3)=0$ oder $(x-5)=0$

3. Schritt:
Der 1. Faktor ist 0, wenn $x=3$.
Der 2. Faktor ist 0, wenn $x=5$. → $x=3$ oder $x=5$

4. Schritt:
Die Lösungsmenge der gegebenen Gleichung enthält also die beiden Zahlen 3 und 5. → $\mathbb{L}=\{3;5\}$.

Und so sieht unser Lösungsweg in einer Kurzform aus:

$$(x-3)\cdot(x-5)=0$$

$x-3=0$ oder $x-5=0$

$x=3$ oder $x=5$

$$\mathbb{L}=\{3;5\}.$$

Probe

1. Lösung:
$(3-3)\cdot(3-5)=0\cdot(-2)=0.$

2. Lösung:
$(5-3)\cdot(5-5)=2\cdot 0=0.$

Weitere Beispiele:

$$(x + 4) \cdot (x - 7) = 0$$

$x + 4 = 0$ oder $x - 7 = 0$

$x = -4$ oder $x = 7$

$$\mathbb{L} = \{-4; 7\}.$$

Probe

1. Lösung:
$(-4 + 4) \cdot (-4 - 7) = 0 \cdot (-11) = 0.$

2. Lösung:
$(7 + 4) \cdot (7 - 7) = 11 \cdot 0 = 0.$

$$(3x + 5) \cdot (2 - 4x) = 0$$

$3x + 5 = 0$ oder $2 - 4x = 0$

$3x = -5$ oder $2 = 4x$

$x = -\frac{5}{3}$ oder $\frac{1}{2} = x$

$$\mathbb{L} = \left\{-\frac{5}{3}; \frac{1}{2}\right\}.$$

Probe

1. Lösung:

$$\left[3 \cdot \left(-\frac{5}{3}\right) + 5\right] \cdot \left[2 - 4 \cdot \left(-\frac{5}{3}\right)\right] =$$

$$(-5 + 5) \cdot \left(2 + \frac{20}{3}\right) =$$

$$0 \cdot \left(2 + \frac{20}{3}\right) = 0.$$

2. Lösung:

$$\left(3 \cdot \frac{1}{2} + 5\right) \cdot \left(2 - 4 \cdot \frac{1}{2}\right) =$$

$$\left(\frac{3}{2} + 5\right) \cdot (2 - 2) =$$

$$\left(\frac{3}{2} + 5\right) \cdot 0 = 0.$$

1 Bestimme ebenso die Lösungsmengen.

a) $(x+2)\cdot(x+5)=0;$
b) $(x-1{,}5)\cdot(x+2{,}8)=0;$
c) $\left(x-\frac{3}{5}\right)\cdot\left(x-\frac{2}{3}\right)=0;$
d) $(4-x)\cdot(x-2)=0;$
e) $(7{,}5-x)\cdot(3{,}2-x)=0;$
f) $(2x-4)\cdot(x+3)=0;$
g) $\left(\frac{1}{2}x+2\right)\cdot(1-3x)=0;$
h) $(5x+3)\cdot(4-1{,}2x)=0;$
i) $x\cdot(3-2x)=0;$
k) $(4x-5)\cdot x=0.$

2. Quadratische Gleichungen der Form $x^2 = a$

Mit der quadratischen Gleichung $x^2 = 4$ werden diejenigen Zahlen gesucht, deren 2. Potenz gleich 4 ist. Es gibt zwei derartige Zahlen, +2 und –2, denn es gilt

sowohl: $(+2)^2 = (+2)\cdot(+2) = 4$

als auch: $(-2)^2 = (-2)\cdot(-2) = 4.$

Die Lösungsmenge der gegebenen quadratischen Gleichung enthält also zwei Elemente:
die Zahlen +2 und –2: $\mathbb{L} = \{+2; -2\}$.

Unter Verwendung des Quadratwurzelsymbols $\sqrt{}$ sieht der Lösungsweg folgendermaßen aus:

$$x^2 = 4$$

$x = \sqrt{4}$ oder $x = -\sqrt{4}$

$x = +2$ oder $x = -2$

$$\mathbb{L} = \{+2; -2\}.$$

Probe

1. Lösung:
$(+2)^2 = (+2)\cdot(+2) = 4.$

2. Lösung:
$(-2)^2 = (-2)\cdot(-2) = 4.$

Weitere Beispiele:

$$x^2 = \frac{4}{9}$$

$x = \sqrt{\frac{4}{9}}$ oder $x = -\sqrt{\frac{4}{9}}$

$x = \frac{2}{3}$ oder $x = -\frac{2}{3}$

$$\mathbb{L} = \left\{\frac{2}{3}; -\frac{2}{3}\right\}.$$

Probe

1. Lösung:

$$\left(+\frac{2}{3}\right)^2 = \left(+\frac{2}{3}\right) \cdot \left(+\frac{2}{3}\right) = \frac{4}{9}.$$

2. Lösung:

$$\left(-\frac{2}{3}\right)^2 = \left(-\frac{2}{3}\right) \cdot \left(-\frac{2}{3}\right) = \frac{4}{9}.$$

$$x^2 = 6{,}25$$

$x = \sqrt{6{,}25}$ oder $x = -\sqrt{6{,}25}$

$x = 2{,}5$ oder $x = -2{,}5$

$$\mathbb{L} = \{2{,}5; -2{,}5\}.$$

Probe

1. Lösung:

$$2{,}5^2 = 2{,}5 \cdot 2{,}5 = 6{,}25.$$

2. Lösung:

$$(-2{,}5)^2 = (-2{,}5) \cdot (-2{,}5) = 6{,}25.$$

Wenn auf der rechten Seite der Gleichung keine Quadratzahl steht, wenn also, wie man in Schülerkreisen zu sagen pflegt, „die Wurzel nicht gezogen werden kann“, dann gibt man die Lösung üblicherweise mit dem Wurzelzeichen an.

$$x^2 = 7$$

$x = \sqrt{7}$ oder $x = -\sqrt{7}$

$$\mathbb{L} = \{\sqrt{7}; -\sqrt{7}\}.$$

Probe

1. Lösung:
$(\sqrt{7})^2 = \sqrt{7} \cdot \sqrt{7} = 7.$

2. Lösung:
$(-\sqrt{7})^2 = (-\sqrt{7}) \cdot (-\sqrt{7}) = 7.$

Mit der quadratischen Gleichung $x^2 = -16$ werden Zahlen gesucht, deren Quadrat gleich –16 ist. Solche Zahlen gibt es nicht.

Ob man eine **positive** Zahl quadriert: $(+4)^2 = (+4) \cdot (+4) = +16$,

oder eine **negative** Zahl quadriert: $(-4)^2 = (-4) \cdot (-4) = +16$,

das Ergebnis ist stets eine **positive** Zahl.
Die Lösungsmenge der gegebenen Gleichung ist also leer: $\mathbb{L} = \{\,\}$.

2 Bestimme ebenso die Lösungsmengen der folgenden quadratischen Gleichungen.

a) $x^2 = 81$; **b)** $x^2 = 0{,}49$; **c)** $x^2 = -5$; **d)** $x^2 = \frac{16}{81}$;

e) $x^2 = 10$; **f)** $x^2 = 6{,}4$; **g)** $x^2 = -25$; **h)** $x^2 = 2{,}5$;

i) $x^2 = 4{,}41$; **k)** $x^2 = -0{,}09$; **l)** $x^2 = 0{,}09$; **m)** $x^2 = 0{,}9$.

Wenn wir die Lösungsmenge der quadratischen Gleichung $x^2 - 25 = 0$ bestimmen sollen, dann addieren wir zuerst auf beiden Seiten der Gleichung die Zahl 25. Wir erreichen dadurch, dass das „x^2" wieder, wie gewohnt, allein auf der linken Seite steht:

$$x^2 - 25 = 0 \quad \| + 25$$
$$x^2 = 25$$

$$x = \sqrt{25} \quad \text{oder} \quad x = -\sqrt{25}$$
$$x = 5 \quad \text{oder} \quad x = -5$$

$$\mathbb{L} = \{5; -5\}.$$

Probe

1. Lösung:
$$5^2 - 25 = 25 - 25 = 0.$$

2. Lösung:
$$(-5)^2 - 25 = 25 - 25 = 0.$$

Weitere Beispiele:

$$x^2 - 10 = 0 \quad \| + 10$$
$$x^2 = 10$$

$$x = \sqrt{10} \quad \text{oder} \quad x = -\sqrt{10}$$

$$\mathbb{L} = \left\{\sqrt{10}; -\sqrt{10}\right\}.$$

Probe

1. Lösung:
$$\left(\sqrt{10}\right)^2 - 10 = 10 - 10 = 0.$$

2. Lösung:
$$\left(-\sqrt{10}\right)^2 - 10 = 10 - 10 = 0.$$

$$x^2 - 15 = 10 \quad \| +15$$
$$x^2 = 25$$

$x = \sqrt{25}$ oder $x = -\sqrt{25}$

$x = 5$ oder $x = -5$

$\mathbb{L} = \{5; -5\}$.

Probe

1. Lösung: $5^2 - 15 = 25 - 15 = 10$.

2. Lösung: $(-5)^2 - 15 = 25 - 15 = 10$.

$$2x^2 + 3 = 21 \quad \| -3$$
$$2x^2 = 18 \quad \| :2$$
$$x^2 = 9$$

$x = \sqrt{9}$ oder $x = -\sqrt{9}$

$x = 3$ oder $x = -3$

$\mathbb{L} = \{3; -3\}$.

Probe

1. Lösung: $2 \cdot 3^2 + 3 = 2 \cdot 9 + 3 = 18 + 3 = 21$.

2. Lösung: $2 \cdot (-3)^2 + 3 = 2 \cdot 9 + 3 = 18 + 3 = 21$.

3 Berechne ebenso die Lösungsmengen der folgenden quadratischen Gleichungen.

a) $x^2 - 81 = 0$; **b)** $x^2 - \frac{16}{121} = 0$; **c)** $x^2 + 5 = 0$;

d) $x^2 - 15 = 0$; **e)** $x^2 + 12 = 48$; **f)** $x^2 + 0{,}25 = 2{,}5$;

g) $x^2 + 2{,}5 = 0{,}25$; **h)** $4x^2 + 8 = 24$; **i)** $12x^2 + 16 = 160$;

k) $8x^2 + 11 = 7$; **l)** $\frac{x^2}{3} + 4 = 16$; **m)** $\frac{4}{5}x^2 - \frac{3}{4} = 19\frac{1}{4}$.

3. Quadratische Gleichungen der Form $(x + a)^2 = b$

Das Quadrat einer um 3 vergrößerten Zahl ist 16. Wie heißt die Zahl? Diese Fragestellung führt auf die quadratische Gleichung $(x + 3)^2 = 16$.

Zu ihrer Lösungsmenge gelangen wir schrittweise so:

1. Schritt:
Wenn das Quadrat einer um 3 vergrößerten Zahl gleich 16 ist, → $(x + 3)^2 = 16$

2. Schritt:
dann ist die um 3 vergrößerte Zahl vor dem Quadrieren **entweder** gleich 4 **oder** gleich –4 gewesen, weil sowohl $4^2 = 16$ als auch $(-4)^2 = 16$. → $x + 3 = 4$ oder $x + 3 = -4$

3. Schritt:
Die gesuchte Zahl x erhält man, wenn man auf beiden Seiten der Gleichungen 3 subtrahiert. → $x = 1$ oder $x = -7$

Ergebnis:
Die Lösungsmenge der gegebenen Gleichung $(x + 3)^2 = 16$ enthält also die beiden Zahlen 1 und –7. → $\mathbb{L} = \{1; -7\}$.

Und so sieht unser Lösungsweg in einer Kurzform aus:

$$(x + 3)^2 = 16$$

$x + 3 = \sqrt{16}$	oder	$x + 3 = -\sqrt{16}$
$x + 3 = 4$	oder	$x + 3 = -4$
$x = 1$	oder	$x = -7$

$$\mathbb{L} = \{1; -7\}.$$

Probe

1. Lösung:
$(1 + 3)^2 = 4^2 = 16.$

2. Lösung:
$(-7 + 3)^2 = (-4)^2 = 16.$

Weitere Beispiele:

- $$(x-5)^2 = 9$$

$x - 5 = \sqrt{9}$ oder $x - 5 = -\sqrt{9}$

$x - 5 = 3$ oder $x - 5 = -3$

$x = 8$ oder $x = 2$

$$\mathbb{L} = \{8; 2\}.$$

Probe

1. Lösung: $(8-5)^2 = 3^2 = 9.$

2. Lösung: $(2-5)^2 = (-3)^2 = 9.$

- $$(x-2)^2 = 5$$

$x - 2 = \sqrt{5}$ oder $x - 2 = -\sqrt{5}$

$x = 2 + \sqrt{5}$ oder $x = 2 - \sqrt{5}$

$$\mathbb{L} = \{2+\sqrt{5}; 2-\sqrt{5}\}.$$

Probe

1. Lösung: $\left(2+\sqrt{5}-2\right)^2 = \left(\sqrt{5}\right)^2 = 5.$

2. Lösung: $\left(2-\sqrt{5}-2\right)^2 = \left(-\sqrt{5}\right)^2 = 5.$

- $$(3x-5)^2 = 49$$

$3x - 5 = \sqrt{49}$ oder $3x - 5 = -\sqrt{49}$

$3x - 5 = 7$ oder $3x - 5 = -7$

$3x = 12$ oder $3x = -2$

$x = 4$ oder $x = -\frac{2}{3}$

$$\mathbb{L} = \left\{4; -\frac{2}{3}\right\}.$$

Probe

1. Lösung:

$(3 \cdot 4 - 5)^2 =$

$(12 - 5)^2 = 7^2 = 49.$

2. Lösung:

$\left[3 \cdot \left(-\frac{2}{3}\right) - 5\right]^2 =$

$(-2 - 5)^2 = (-7)^2 = 49.$

4 Bestimme ebenso die Lösungsmengen der folgenden quadratischen Gleichungen.

a) $(x + 2)^2 = 81;$ **b)** $(x - 9)^2 = 36;$ **c)** $(x + 15)^2 = 144;$

d) $\left(x - \frac{2}{3}\right)^2 = \frac{4}{9};$ **e)** $(x + 3{,}8)^2 = 1{,}96;$ **f)** $(x - 3)^2 = -16;$

g) $(x + 4)^2 = 11;$ **h)** $(2x - 3)^2 = 64;$ **i)** $(5x + 12)^2 = 16;$

k) $\left(\frac{1}{2}x + 2\frac{1}{4}\right)^2 = \frac{1}{16};$ **l)** $(2{,}5x - 1{,}3)^2 = 2{,}25;$ **m)** $\left(\frac{4}{5}x + 2{,}8\right)^2 = 6{,}25.$

Wenn wir die Lösungsmenge der quadratischen Gleichung $(x-5)^2 - 4 = 0$ bestimmen sollen, dann addieren wir zuerst auf beiden Seiten die Zahl 4. Danach liegt uns die Gleichung in der gewohnten Form vor:

$$(x-5)^2 - 4 = 0 \quad \| +4$$
$$(x-5)^2 = 4$$

$$x - 5 = \sqrt{4} \quad \text{oder} \quad x - 5 = -\sqrt{4}$$
$$x - 5 = 2 \quad \text{oder} \quad x - 5 = -2$$
$$x = 7 \quad \text{oder} \quad x = 3$$

$$\mathbb{L} = \{7;3\}.$$

Probe

1. Lösung:

$$(7-5)^2 - 4 = 2^2 - 4 = 4 - 4 = 0.$$

2. Lösung:

$$(3-5)^2 - 4 = (-2)^2 - 4 = 4 - 4 = 0.$$

Weitere Beispiele:

$$(x-23)^2 + 49 = 0 \quad \| -49$$
$$(x-23)^2 = -49.$$

Es gibt keine Zahl, deren Quadrat negativ ist. Die Lösungsmenge ist leer.

$$\mathbb{L} = \{\,\}.$$

$$(x+7)^2 - 15 = 26 \quad \| +15$$
$$(x+7)^2 = 41$$

$$x + 7 = \sqrt{41} \quad \text{oder} \quad x + 7 = -\sqrt{41}$$
$$x = -7 + \sqrt{41} \quad \text{oder} \quad x = -7 - \sqrt{41}$$

$$\mathbb{L} = \left\{-7 + \sqrt{41}; -7 - \sqrt{41}\right\}.$$

Probe

1. Lösung:

$$\left(-7 + \sqrt{41} + 7\right)^2 - 15 =$$
$$\left(\sqrt{41}\right)^2 - 15 =$$
$$41 - 15 = 26.$$

2. Lösung:

$$\left(-7 - \sqrt{41} + 7\right)^2 - 15 =$$
$$\left(-\sqrt{41}\right)^2 - 15 =$$
$$41 - 15 = 26.$$

5 Bestimme ebenso die Lösungsmengen.

a) $(x-2)^2 - 121 = 0$;
b) $(x+12)^2 - 25 = 0$;

c) $(x+2{,}4)^2 - 4{,}41 = 0$;
d) $\left(x - \frac{17}{28}\right)^2 + \frac{4}{13} = 0$;

e) $(x+7)^2 + 13 = 38$;
f) $(x-1{,}2)^2 - 3{,}8 = 1{,}04$;

g) $\left(x - \frac{3}{5}\right)^2 + \frac{4}{25} = \frac{13}{25}$;
h) $(2x+7)^2 - 23 = 58$;

i) $(x+14)^2 - 18 = 25$;
k) $(7x+23)^2 + 48 = 35$;

l) $(5x+3{,}5)^2 + \frac{13}{5} = 2{,}6$;
m) $\left(\frac{2}{3}x - \frac{4}{9}\right)^2 - \frac{5}{27} = \frac{10}{81}$.

4. Quadratische Gleichungen der Form $x^2 + px + q = 0$

Gegeben ist die quadratische Gleichung

$$x^2 + 8x + 12 = 0.$$

x^2	$8x$	12
Das ist das quadratische Glied	Das ist das lineare Glied	Das ist das konstante Glied

Zur Lösungsmenge dieser gegebenen Gleichung gelangen wir schrittweise so:

1. Schritt:
Zuerst formen wir die gegebene Gleichung so um, dass das konstante Glied rechts vom Gleichheitszeichen zu stehen kommt. →

$$x^2 + 8x + 12 = 0 \qquad \| -12$$
$$x^2 + 8x = -12.$$

2. Schritt:
Nun ergänzen wir die linke Seite der Gleichung zu einem vollständigen Quadrat (siehe Seite 14). Damit die Gleichung dabei aber nicht „aus dem Gleichgewicht" gerät, müssen wir die quadratische Ergänzung auch auf der rechten Seite der Gleichung addieren. →

$$\frac{8x}{2x} = 4$$

$$x^2 + 8x + 4^2 = -12 + 4^2$$
$$x^2 + 8x + 16 = -12 + 16$$
$$x^2 + 8x + 16 = 4.$$

Ergebnis:
Jetzt lässt sich die linke Seite der Gleichung in Form eines Quadrats schreiben. →

$$(x + 4)^2 = 4.$$

Dr. Albert Steins geniale Erfindung zum gleichzeitigen Aufschreiben der quadratischen Ergänzung auf beiden Seiten einer quadratischen Gleichung.

Damit sind wir aber wieder auf vertrautem Boden angelangt und es geht weiter wie gewohnt:

$$(x+4)^2 = 4$$

$$\begin{array}{rcl} x + 4 = \sqrt{4} & \text{oder} & x + 4 = -\sqrt{4} \\ x + 4 = 2 & \text{oder} & x + 4 = -2 \\ x = -2 & \text{oder} & x = -6 \end{array}$$

$$\mathbb{L} = \{-2; -6\}.$$

Probe

1. Lösung:

$$(-2)^2 + 8 \cdot (-2) + 12 = 4 - 16 + 12 = 0.$$

2. Lösung:

$$(-6)^2 + 8 \cdot (-6) + 12 = 36 - 48 + 12 = 0.$$

Der „Trick“ bei diesem Lösungsverfahren ist die **quadratische Ergänzung:** Wir erhielten sie, indem wir das lineare Glied 8x durch 2x dividierten:

$$\frac{8x}{2x}.$$

Bei diesem Bruch ließ sich aber zunächst einmal das x wegkürzen:

$$\frac{8 \cdot x}{2 \cdot x} = \frac{8}{2} = 4.$$

Diese Kürzungsmöglichkeit besteht bei allen derartigen quadratischen Gleichungen.

Wir können deshalb das x von vornherein auch gleich weglassen. Die quadratische Ergänzung erhalten wir dann also, indem wir den **Zahlenfaktor** des linearen Gliedes durch 2 teilen.

Weitere Beispiele:

$$x^2 + 10x - 24 = 0 \quad \| +24$$
$$x^2 + 10x = 24$$
$$\frac{10}{2} = 5$$
$$x^2 + 10x + 5^2 = 24 + 5^2$$
$$(x+5)^2 = 49$$

$x + 5 = \sqrt{49}$ oder $x + 5 = -\sqrt{49}$

$x + 5 = 7$ oder $x + 5 = -7$

$x = 2$ oder $x = -12$

$$\mathbb{L} = \{2; -12\}.$$

Probe

1. Lösung:
$$2^2 + 10 \cdot 2 - 24 =$$
$$4 + 20 - 24 = 0.$$

2. Lösung:
$$(-12)^2 + 10 \cdot (-12) - 24 =$$
$$144 - 120 - 24 = 0.$$

$$x^2 + 3x - 18 = 0 \quad \| +18$$
$$x^2 + 3x = 18$$
$$\frac{3}{2}$$
$$x^2 + 3x + \left(\frac{3}{2}\right)^2 = 18 + \left(\frac{3}{2}\right)^2$$
$$\left(x + \frac{3}{2}\right)^2 = 18 + \frac{9}{4}$$
$$\left(x + \frac{3}{2}\right)^2 = \frac{81}{4}$$

$$x + \frac{3}{2} = \sqrt{\frac{81}{4}} \quad \text{oder} \quad x + \frac{3}{2} = -\sqrt{\frac{81}{4}}$$

$$x + \frac{3}{2} = \frac{9}{2} \quad \text{oder} \quad x + \frac{3}{2} = -\frac{9}{2}$$

$$x = 3 \quad \text{oder} \quad x = -6$$

$$\mathbb{L} = \{3; -6\}.$$

Probe

1. Lösung:

$$3^2 + 3 \cdot 3 - 18 =$$
$$9 + 9 - 18 = 0.$$

2. Lösung:

$$(-6)^2 + 3 \cdot (-6) - 18 =$$
$$36 - 18 - 18 = 0.$$

■

$$x^2 - 5x + 12 = 0 \quad \| -12$$
$$x^2 - 5x = -12$$

$$\frac{5}{2} = 2{,}5$$

$$x^2 - 5x + 2{,}5^2 = -12 + 2{,}5^2$$
$$(x - 2{,}5)^2 = -5{,}75$$
$$\mathbb{L} = \{\}.$$

Das Quadrat einer Zahl ist stets eine nichtnegative Zahl. Deshalb ist die Lösungsmenge leer.

■

$$x^2 + 9x + 20{,}25 = 0 \quad \| -20{,}25$$
$$x^2 + 9x = -20{,}25$$

$$\frac{9}{2}$$

$$x^2 + 9x + \left(\frac{9}{2}\right)^2 = -20{,}25 + \left(\frac{9}{2}\right)^2$$
$$\left(x + \frac{9}{2}\right)^2 = -20{,}25 + \frac{81}{4}$$

$$\left(x+\frac{9}{2}\right)^2 = -20{,}25 + 20{,}25$$

$$\left(x+\frac{9}{2}\right)^2 = 0$$

$$\left(x+\frac{9}{2}\right) = 0 \quad \| -\frac{9}{2}$$

$$x = -\frac{9}{2}$$

$$\mathbb{L} = \left\{-\frac{9}{2}\right\}.$$

Wenn das Quadrat einer Zahl 0 ist, dann ist die Zahl selbst ebenfalls 0.

Probe:

$$\left(-\frac{9}{2}\right)^2 + 9\cdot\left(-\frac{9}{2}\right) + 20{,}25 =$$

$$\frac{81}{4} - \frac{81}{2} + 20{,}25 =$$

$$20{,}25 - 40{,}5 + 20{,}25 = 0.$$

6 Berechne ebenso die Lösungsmengen der folgenden quadratischen Gleichungen.

a) $x^2 - 8x + 15 = 0;$ **b)** $x^2 - 6x - 16 = 0;$

c) $x^2 - 9x - 70 = 0;$ **d)** $x^2 + 24x + 144 = 0;$

e) $x^2 - 20x + 98 = 0;$ **f)** $x^2 - 6x + 10 = 0;$

g) $x^2 + x - 30 = 0;$ **h)** $x^2 + \frac{1}{8}x - \frac{21}{32} = 0;$

i) $x^2 - 3{,}4x + 2{,}89 = 0;$ **k)** $x^2 + 4\frac{3}{4}x + 5\frac{5}{8} = 0;$

l) $x^2 - 8x - 11 = 0;$ **m)** $x^2 - 3x = 0.$

5. Die allgemeine Lösungsformel für die Gleichung $x^2 + px + q = 0$

Alle quadratischen Gleichungen, die im vorangegangenen Abschnitt auftraten, hatten die Form

$$x^2 + px + q = 0.$$

Diese häufig auftretende Form einer quadratischen Gleichung wird als **Normalform** bezeichnet.

Die Gleichung befindet sich in der Normalform und es gilt:

$$x^2 + 5x + 3 = 0$$
$$\updownarrow \quad \updownarrow$$
$$x^2 + px + q = 0$$
$$p = 5; \quad q = 3.$$

Die Gleichung lässt sich umformen in → Sie befindet sich dann in der Normalform und es gilt:

$$x^2 - 8x - 14 = 0$$
$$x^2 + (-8)x + (-14) = 0$$
$$\updownarrow \quad \updownarrow$$
$$x^2 + \ px \ + \ q \ = 0$$
$$p = -8; \quad q = -14.$$

2 Quadratische Gleichungen

Die Gleichung $x^2 + x - 3 = 0$
lässt sich umformen in $x^2 + 1x + (-3) = 0$

Sie befindet sich dann in der Normalform $x^2 + px + q = 0$
und es gilt: $p = 1;\quad q = -3.$

Weitere Beispiele in Tabellenform:

Gleichung	p	q
$x^2 + \frac{4}{5}x + \frac{2}{3} = 0$	$\frac{4}{5}$	$\frac{2}{3}$
$x^2 - 1{,}2x + 7{,}5 = 0$	$-1{,}2$	$7{,}5$
$x^2 + x - 4{,}2 = 0$	1	$-4{,}2$
$x^2 - x - 1 = 0$	-1	-1
$x^2 - 3\frac{1}{2}x + 5\frac{1}{4} = 0$	$-3\frac{1}{2}$	$5\frac{1}{4}$
$x^2 - 4x - \frac{2}{3} = 0$	-4	$-\frac{2}{3}$

7 Vervollständige die folgende Tabelle:

Gleichung	p	q
$x^2 + 3x + 15 = 0$		
	12	5
$x^2 + 6x - 8 = 0$		
	-5	3

$x^2 - 4{,}2x + 3{,}7 = 0$		
	$-1{,}2$	$-4{,}8$
$x^2 + \frac{4}{9}x - 1 = 0$		
	-1	1
$x^2 + x - \frac{1}{3} = 0$		
	1	12

Alle Gleichungen des vorangegangenen Abschnitts befanden sich in der Normalform.

Alle diese Gleichungen haben wir mühsam und mit viel Schreibarbeit Schritt für Schritt gelöst.

Schön wäre es, wenn wir ein Rezept hätten, mit dem wir bei derartigen Gleichungen leichter und schneller zur Lösungsmenge gelangten.

Ein solches Rezept müsste sich ergeben, wenn wir einmal die **allgemeine** Gleichung $x^2 + px + q = 0$, bei der die Buchstaben p und q stellvertretend für jede beliebige Zahl stehen, auf dieselbe Art bearbeiten, wie z. B. die **spezielle** Gleichung $x^2 + 5x + 6 = 0$.

Und das sieht so aus:

Bei der Gleichung

$x^2 + 5x + 6 = 0$	$x^2 + px + q = 0$

wird zunächst das konstante Glied auf die rechte Seite gebracht, indem wir es auf beiden Seiten subtrahieren:

$x^2 + 5x + 6 = 0 \quad \| -6$	$x^2 + px + q = 0 \quad \| -q$
$x^2 + 5x \quad = -6.$	$x^2 + px \quad = -q.$

Nun addieren wir auf beiden Seiten die quadratische Ergänzung:

$$\frac{5}{2}$$

$$x^2 + 5x + \left(\frac{5}{2}\right)^2 = -6 + \left(\frac{5}{2}\right)^2.$$

$$\frac{p}{2}$$

$$x^2 + px + \left(\frac{p}{2}\right)^2 = -q + \left(\frac{p}{2}\right)^2.$$

Jetzt können wir die linke Seite als Quadrat schreiben und die Gleichung wie gewohnt weiterbearbeiten:

$$\left(x + \frac{5}{2}\right)^2 = -6 + \left(\frac{5}{2}\right)^2.$$

$$\left(x + \frac{p}{2}\right)^2 = -q + \left(\frac{p}{2}\right)^2.$$

Wurzelziehen führt zu

$$x + \frac{5}{2} = \sqrt{-6 + \left(\frac{5}{2}\right)^2}$$

oder

$$x + \frac{5}{2} = -\sqrt{-6 + \left(\frac{5}{2}\right)^2}.$$

$$x + \frac{p}{2} = \sqrt{-q + \left(\frac{p}{2}\right)^2}$$

oder

$$x + \frac{p}{2} = -\sqrt{-q + \left(\frac{p}{2}\right)^2}.$$

Auflösen nach x liefert

$$x = -\frac{5}{2} + \sqrt{-6 + \left(\frac{5}{2}\right)^2}$$

oder

$$x = -\frac{5}{2} - \sqrt{-6 + \left(\frac{5}{2}\right)^2}.$$

$$x = -\frac{p}{2} + \sqrt{-q + \left(\frac{p}{2}\right)^2}$$

oder

$$x = -\frac{p}{2} - \sqrt{-q + \left(\frac{p}{2}\right)^2}.$$

Und damit gilt für die Lösungsmenge

$$\mathbb{L} = \{-2; -3\}.$$

$$\mathbb{L} = \left\{ \begin{array}{l} -\frac{p}{2} + \sqrt{-q + \left(\frac{p}{2}\right)^2}\,; \\ -\frac{p}{2} - \sqrt{-q + \left(\frac{p}{2}\right)^2} \end{array} \right\}.$$

Es ist üblich, die Elemente der Lösungsmenge mit x_1 und x_2 zu bezeichnen und den Term $-q + \left(\frac{p}{2}\right)^2$ in der Form $\left(\frac{p}{2}\right)^2 - q$ zu schreiben.

Für die Gleichung $x^2 + px + q = 0$

gilt also: $x_1 = -\frac{p}{2} + \sqrt{\left(\frac{p}{2}\right)^2 - q}$; $x_2 = -\frac{p}{2} - \sqrt{\left(\frac{p}{2}\right)^2 - q}$.

Beide Formeln fasst man zusammen zur so genannten **allgemeinen Lösungsformel:**

$$x_{1;2} = -\frac{p}{2} \pm \sqrt{\left(\frac{p}{2}\right)^2 - q}.$$

Diese allgemeine Lösungsformel stellt das angestrebte Rezept dar. Mit ihr können wir die Lösungsmenge einer quadratischen Gleichung, die in Normalform vorliegt, praktisch sofort hinschreiben.

- Bei der Gleichung $x^2 + 7x + 10 = 0$
  ist $p = 7$ und $q = 10$.

  Einsetzen in die Formel $x_{1;2} = -\frac{p}{2} \pm \sqrt{\left(\frac{p}{2}\right)^2 - q}$

  ergibt

$$x_{1;2} = -\frac{7}{2} \pm \sqrt{\left(\frac{7}{2}\right)^2 - 10}$$

$$x_{1;2} = -\frac{7}{2} \pm \sqrt{\frac{9}{4}};$$

$$x_{1;2} = -\frac{7}{2} \pm \frac{3}{2};$$

$$x_1 = -2;$$

$$x_2 = -5; \quad \mathbb{L} = \{-2; -5\}.$$

Probe

1. Lösung:
$(-2)^2 + 7 \cdot (-2) + 10 =$
$4 - 14 + 10 = 0.$

2. Lösung:
$(-5)^2 + 7 \cdot (-5) + 10 =$
$25 - 35 + 10 = 0.$

- Bei der Gleichung $x^2 + \frac{3}{20}x - \frac{1}{10} = 0$

  ist $p = \frac{3}{20}$ und $q = -\frac{1}{10}$.

  Einsetzen in die Formel $x_{1;2} = -\frac{p}{2} \pm \sqrt{\left(\frac{p}{2}\right)^2 - q}$

  ergibt
  $$x_{1;2} = -\frac{3}{40} \pm \sqrt{\left(\frac{3}{40}\right)^2 + \frac{1}{10}};$$
  $$x_{1;2} = -\frac{3}{40} \pm \sqrt{\frac{169}{1600}};$$
  $$x_{1;2} = -\frac{3}{40} \pm \frac{13}{40};$$
  $$x_1 = \frac{1}{4};$$
  $$x_2 = -\frac{2}{5}; \quad \mathbb{L} = \left\{\frac{1}{4}; -\frac{2}{5}\right\}.$$

- Bei der Gleichung $x^2 + 8x + 20 = 0$
  ist $p = 8$ und $q = 20$.

  Einsetzen in die Formel $x_{1;2} = -\frac{p}{2} \pm \sqrt{\left(\frac{p}{2}\right)^2 - q}$

  ergibt
  $$x_{1;2} = -4 \pm \sqrt{16 - 20}$$
  $$x_{1;2} = -4 \pm \sqrt{-4}.$$

Da eine negative Zahl keine Wurzel hat, sich aus einer negativen Zahl also nicht die Wurzel ziehen lässt, wird die gegebene Gleichung von keiner reellen Zahl erfüllt.
Ihre Lösungsmenge ist leer.

$\mathbb{L} = \{\}$.

- Bei der Gleichung $x^2 - 2{,}4x + 1{,}44 = 0$
  ist $p = -2{,}4$ und $q = 1{,}44$.

  Einsetzen in die Formel $x_{1;2} = -\frac{p}{2} \pm \sqrt{\left(\frac{p}{2}\right)^2 - q}$

  ergibt $x_{1;2} = 1{,}2 \pm \sqrt{1{,}44 - 1{,}44}$
  $x_{1;2} = 1{,}2 \pm 0$.

  Da die Wurzel 0 ist, hat die Lösungsmenge nur ein Element:
  $\mathbb{L} = \{1{,}2\}$.

- Bei der Gleichung $x^2 - 12x + 21 = 0$
  ist $p = -12$ und $q = 21$.

  Einsetzen in die Formel $x_{1;2} = -\frac{p}{2} \pm \sqrt{\left(\frac{p}{2}\right)^2 - q}$

  ergibt $x_{1;2} = 6 \pm \sqrt{36 - 21}$;
  $x_{1;2} = 6 \pm \sqrt{15}$;
  $x_1 = 6 + \sqrt{15}$;
  $x_2 = 6 - \sqrt{15}$;
  $\mathbb{L} = \{6 + \sqrt{15}; 6 - \sqrt{15}\}$.

Probe

1. Lösung:
$(6 + \sqrt{15})^2 - 12 \cdot (6 + \sqrt{15}) + 21 =$
$36 + 12 \cdot \sqrt{15} + 15 - 72 - 12 \cdot \sqrt{15} + 21 = 0.$

2. Lösung:
$(6 - \sqrt{15})^2 - 12 \cdot (6 - \sqrt{15}) + 21 =$
$36 - 12 \cdot \sqrt{15} + 15 - 72 + 12 \cdot \sqrt{15} + 21 = 0.$

8 Bestimme ebenso die Lösungsmengen der folgenden quadratischen Gleichungen.

a) $x^2 - 2x - 15 = 0$;
b) $x^2 - 12x + 20 = 0$;
c) $x^2 + x - 42 = 0$;
d) $x^2 + 10x + 16 = 0$;
e) $x^2 + 1\frac{11}{20}x + \frac{3}{5} = 0$;
f) $x^2 - 3\frac{3}{4}x - 28\frac{1}{8} = 0$;
g) $x^2 + 18x + 81 = 0$;
h) $x^2 + 1{,}2x - 3{,}25 = 0$;
i) $x^2 - 4x + 1 = 0$;
k) $x^2 + 5x + 14 = 0$;

l)	$x^2 + 5x - 14 = 0;$	m)	$x^2 - 5x + 14 = 0;$
n)	$x^2 - 5x - 14 = 0;$	o)	$x^2 + 12x + 35 = 0;$
p)	$x^2 + 24x + 119 = 0;$	q)	$x^2 + 24x - 119 = 0;$
r)	$x^2 - 24x + 119 = 0;$	s)	$x^2 - 24x - 119 = 0;$
t)	$x^2 - \frac{4}{7}x + \frac{4}{49} = 0;$	u)	$x^2 - 1{,}3x - 14{,}4 = 0;$
v)	$x^2 - 9{,}3x + 18{,}2 = 0;$	w)	$x^2 - \frac{13}{8}x + \frac{21}{32} = 0;$
x)	$x^2 - 1{,}24x - \frac{36}{125} = 0;$	y)	$x^2 + 3{,}4x + 12{,}7 = 0.$

Alle bisher behandelten quadratischen Gleichungen hatten entweder zwei, eine oder keine Lösung. Die Anzahl der Lösungen einer gegebenen Gleichung erfuhren wir dabei allerdings immer erst am Ende des oft beschwerlichen und langwierigen Lösungsweges. Das war ja nun nicht weiter schlimm, weil wir die Lösungen ja ohnehin berechnen sollten.

Gelegentlich aber kommt es vor, dass nicht nach den Lösungen selbst gefragt ist, sondern lediglich nach der **Anzahl** der Lösungen. Um diese Frage zu beantworten, braucht man nicht den gesamten Lösungsweg zurückzulegen, wie die folgende Überlegung zeigt.

Die Gleichung

$x^2 - 3x - 10 = 0$	$x^2 - 3x + 2{,}25 = 0$	$x^2 - 3x + 5 = 0$
hat genau zwei Lösungen,	hat genau eine Lösung,	hat keine Lösung,

weil in der Lösungsformel

$x_{1;2} = \frac{3}{2} \pm \sqrt{\left(\frac{3}{2}\right)^2 + 10}$	$x_{1;2} = \frac{3}{2} \pm \sqrt{\left(\frac{3}{2}\right)^2 - 2{,}25}$	$x_{1;2} = \frac{3}{2} \pm \sqrt{\left(\frac{3}{2}\right)^2 - 5}$
$x_{1;2} = \frac{3}{2} \pm \sqrt{\frac{49}{4}}$	$x_{1;2} = \frac{3}{2} \pm \sqrt{0}$	$x_{1;2} = \frac{3}{2} \pm \sqrt{-2{,}75}$

die unter dem Wurzelzeichen stehende Zahl

positiv ist.	null ist.	negativ ist.

Wenn man also nur wissen will, wie viele Lösungen eine quadratische Gleichung der Form

$$x^2 + px + q = 0$$

hat, braucht man lediglich den in der Lösungsformel

$$x_{1;2} = -\frac{p}{2} \pm \sqrt{\left(\frac{p}{2}\right)^2 - q}$$

unter dem Wurzelzeichen stehenden Term $\left(\frac{p}{2}\right)^2 - q$ anzusehen.

Ist $\left(\frac{p}{2}\right)^2 - q > 0$, dann hat die Gleichung genau zwei Lösungen.

Ist $\left(\frac{p}{2}\right)^2 - q = 0$, dann hat die Gleichung genau eine Lösung.

Ist $\left(\frac{p}{2}\right)^2 - q < 0$, dann hat die Gleichung keine Lösung.

Der Term $\left(\frac{p}{2}\right)^2 - q$ wird als **Diskriminante** bezeichnet.

Für die Diskriminante $D = \left(\frac{p}{2}\right)^2 - q$ der quadratischen Gleichung

$x^2 + 1{,}2x - 3 = 0$	$x^2 - 12x + 36 = 0$	$x^2 - \frac{4}{5}x + \frac{1}{5} = 0$
	gilt	
$D = \left(\frac{1{,}2}{2}\right)^2 - (-3) = 3{,}6 > 0,$	$D = \left(\frac{-12}{2}\right)^2 - 36 = 0,$	$D = \left(\frac{-\frac{4}{5}}{2}\right)^2 - \frac{1}{5} = -\frac{1}{25} < 0,$
	also hat die Gleichung	
genau zwei Lösungen.	genau eine Lösung.	keine Lösung.

9 Bestimme ebenso die Anzahl der Lösungen der folgenden quadratischen Gleichungen.

a) $x^2 + 7x + 23 = 0$;
b) $x^2 - 3x - 5 = 0$;
c) $x^2 - 2{,}8x + 1{,}96 = 0$;
d) $x^2 - 2{,}8x - 1{,}96 = 0$;
e) $x^2 + 2{,}8x - 1{,}96 = 0$;
f) $x^2 + 2{,}8x + 1{,}96 = 0$;
g) $x^2 + \frac{5}{6}x + \frac{3}{8} = 0$;
h) $x^2 + 5x + 10 = 0$;
i) $x^2 + 2{,}4x + 1{,}44 = 0$;
k) $x^2 + \frac{24}{25}x + \frac{1}{5} = 0$.

Anmerkung:

Außer in der **Normalform** $x^2 + px + q = 0$ werden quadratische Gleichungen häufig auch in der so genannten **allgemeinen Form** $ax^2 + bx + c = 0$ angegeben. Auch für die allgemeine Form gibt es eine Lösungsformel.

1. Schritt:
Man erhält sie, wenn man die allgemeine Form zunächst in die Normalform überführt, indem man durch a teilt →

$$x^2 + \frac{b}{a}x + \frac{c}{a} = 0$$

2. Schritt:
und anschließend in die Lösungsformel für p den Bruch $\frac{b}{a}$ und für q den Bruch $\frac{c}{a}$ einsetzt. →

$$x_{1;2} = -\frac{p}{2} \pm \sqrt{\left(\frac{p}{2}\right)^2 - q}$$

3. Schritt:
Es ergibt sich dabei: →

$$x_{1;2} = \frac{-b \pm \sqrt{b^2 - 4ac}}{2a}.$$

Ergebnis: →

$$D = b^2 - 4ac.$$

Wir wollen uns in diesem Band der Duden-Schülerhilfen aber auf die Normalform beschränken. Und diese Beschränkung ist absolut problemlos, weil sich, wie wir im folgenden Abschnitt sehen werden, jede beliebige quadratische Gleichung in diese Form bringen lässt.

6. Quadratische Gleichungen beliebiger Form

Nur wenn sich eine quadratische Gleichung in der **Normalform** $x^2 + px + q = 0$ befindet, lässt sich zu ihrer Lösung die

Lösungsformel $x_{1;2} = -\frac{p}{2} \pm \sqrt{\left(\frac{p}{2}\right)^2 - q}$ anwenden.

Was machen wir aber nun mit einer quadratischen Gleichung, die so aussieht:

$$(2x - 3)^2 = (x + 1) \cdot (x + 4) - 9x\,?$$

Diese Gleichung befindet sich ja nun wahrlich nicht in der Normalform.

Aber was nicht ist, kann ja noch werden!
Um dabei aktiv mitwirken zu können, müssen wir uns zunächst einiges früher Gelernte ins Gedächtnis zurückrufen.

Im 7. und 8. Schuljahr haben wir gelernt:

Man kann eine Gleichung umformen, ohne dass sich dabei die Lösungsmenge ändert.

Eine solche Umformung bezeichnet man als **Äquivalenzumformung.**
Äquivalenzumformungen sind:

I. Termumformung und Zusammenfassung geeigneter Glieder auf beiden Seiten der Gleichung:

$$\underbrace{(2x - 5) \cdot (2x + 5)} = \underbrace{2(x + 3)} + \underbrace{(2x - 1)^2}$$
$$4x^2 - 25 = 2x + 6 + 4x^2 - 4x + 1$$
$$4x^2 - 25 = 4x^2 - 2x + 7.$$

II. Addition derselben Zahl auf beiden Seiten der Gleichung:

$$x - 3 = 5 \quad \| +3$$
$$x - 3 + 3 = 5 + 3$$
$$x = 8.$$

III. Subtraktion derselben Zahl auf beiden Seiten der Gleichung:

$$\begin{aligned} 5x &= 2x + 3 \qquad \| -2x \\ 5x - 2x &= 2x + 3 - 2x \\ 3x &= 3. \end{aligned}$$

IV. Multiplikation beider Seiten der Gleichung mit derselben von null verschiedenen Zahl:

$$\begin{aligned} \frac{x}{8} &= 4 \qquad \| \cdot 8 \\ \frac{x}{8} \cdot 8 &= 4 \cdot 8 \\ x &= 32. \end{aligned}$$

V. Division beider Seiten der Gleichung durch dieselbe von null verschiedene Zahl:

$$\begin{aligned} 7x &= 63 \qquad \| :7 \\ 7x : 7 &= 63 : 7 \\ x &= 9. \end{aligned}$$

Und nun machen wir uns daran, die anfangs gegebene quadratische Gleichung $(2x - 3)^2 = (x + 1) \cdot (x + 4) - 9x$ unter Verwendung dieser Äquivalenzumformung in die Normalform $x^2 + px + q = 0$ zu bringen.

1. Schritt:
Wir führen auf beiden Seiten der Gleichung die Multiplikationen aus: →

$$\begin{aligned} (2x - 3)^2 &= (x + 1) \cdot (x + 4) - 9x \\ 4x^2 - 12x + 9 &= x^2 + x + 4x + 4 - 9x. \end{aligned}$$

2. Schritt:
Wir fassen auf beiden Seiten der Gleichung so viel wie möglich zusammen: →

$$4x^2 - 12x + 9 = x^2 - 4x + 4.$$

3. Schritt:
Wir addieren auf beiden Seiten der Gleichung 4x: →

$$\begin{aligned} 4x^2 - 12x + 9 &= x^2 - 4x + 4 \qquad \| +4x \\ 4x^2 - 12x + 9 + 4x &= x^2 - 4x + 4 + 4x \\ 4x^2 - 8x + 9 &= x^2 + 4. \end{aligned}$$

4. Schritt:
Wir subtrahieren auf beiden Seiten der Gleichung sowohl x^2 als auch 4: →

$$4x^2 - 8x + 9 = x^2 + 4 \quad \| -x^2 - 4$$
$$4x^2 - 8x + 9 - x^2 - 4 = x^2 + 4 - x^2 - 4$$
$$3x^2 - 8x + 5 = 0.$$

5. Schritt:
Wir dividieren beide Seiten der Gleichung durch 3: →

$$3x^2 - 8x + 5 = 0 \quad \| :3$$
$$(3x^2 - 8x + 5) : 3 = 0 : 3$$
$$3x^2 : 3 - 8x : 3 + 5 : 3 = 0$$
$$x^2 - \frac{8}{3}x + \frac{5}{3} = 0.$$

Und damit haben wir die angestrebte Normalform erhalten!
Auf dem Wege von der

Ausgangsform $(2x - 3)^2 = (x + 1) \cdot (x + 4) - 9x$

zur Normalform $x^2 - \frac{8}{3}x + \frac{5}{3} = 0$

haben wir nur Äquivalenzumformungen vorgenommen, also nur solche Umformungen, bei denen sich die Lösungsmenge nicht ändert.

Die Ausgangsgleichung $(2x - 3)^2 = (x + 1) \cdot (x + 4) - 9x$

und ihre Normalform $x^2 - \frac{8}{3}x + \frac{5}{3} = 0$

haben somit dieselbe Lösungsmenge.

Die Lösungsmenge der Gleichung

$$x^2 - \frac{8}{3}x + \frac{5}{3} = 0$$

bestimmen wir nun über die hinlänglich bekannte Lösungsformel

$$x_{1;2} = -\frac{p}{2} \pm \sqrt{\left(\frac{p}{2}\right)^2 - q},$$

indem wir $p = -\frac{8}{3}$ und $q = \frac{5}{3}$ setzen:

$$x_{1;2} = -\left(-\frac{4}{3}\right) \pm \sqrt{\left(-\frac{4}{3}\right)^2 - \frac{5}{3}}$$

$$x_{1;2} = \frac{4}{3} \pm \sqrt{\frac{16}{9} - \frac{15}{9}}$$

$$x_{1;2} = \frac{4}{3} \pm \sqrt{\frac{1}{9}}$$

$$x_{1;2} = \frac{4}{3} \pm \frac{1}{3};$$

$$\left.\begin{array}{l} x_1 = \frac{5}{3} \\ x_2 = 1 \end{array}\right\} \mathbb{L} = \left\{\frac{5}{3}; 1\right\}.$$

Die Probe müssen wir nun aber **unbedingt an der Ausgangsgleichung** durchführen!

Nur so können wir auch solche Fehler erkennen, die sich bereits auf dem langen Weg von der Ausgangsgleichung zur Normalform eingeschlichen haben.

Dabei rechnen wir zunächst die beiden Seiten der Gleichung jeweils für sich aus und vergleichen danach die so erhaltenen Ergebnisse.

Probe:

1. Lösung:

linke Seite	rechte Seite
$\left(2 \cdot \frac{5}{3} - 3\right)^2 =$	$\left(\frac{5}{3} + 1\right) \cdot \left(\frac{5}{3} + 4\right) - 9 \cdot \frac{5}{3} =$
$\left(\frac{10}{3} - 3\right)^2 =$	$\frac{8}{3} \cdot \frac{17}{3} - 15 =$
$\left(\frac{1}{3}\right)^2 = \underline{\frac{1}{9}}.$	$\frac{136}{9} - \frac{135}{9} = \underline{\frac{1}{9}}.$

2. Lösung:

linke Seite	rechte Seite
$(2 \cdot 1 - 3)^2 =$	$(1 + 1) \cdot (1 + 4) - 9 \cdot 1 =$
$(-1)^2 = \underline{1}.$	$2 \cdot 5 - 9 =$
	$10 - 9 = \underline{1}.$

Weitere ausführliche Beispiele:

- $$\begin{aligned}(5x+9)\cdot(x+1)-4 &= (x-1)\cdot(2x+5) && \| \text{ Ausmultiplizieren}\\ 5x^2+9x+5x+9-4 &= 2x^2-2x+5x-5 && \| \text{ Zusammenfassen}\\ 5x^2+14x+5 &= 2x^2+3x-5 && \| -2x^2-3x+5\\ 3x^2+11x+10 &= 0 && \| :3\\ x^2+\frac{11}{3}x+\frac{10}{3} &= 0 &&\\ x_{1;2} &= -\frac{11}{6}\pm\sqrt{\left(\frac{11}{6}\right)^2-\frac{10}{3}} &&\\ x_{1;2} &= -\frac{11}{6}\pm\sqrt{\frac{1}{36}} &&\\ x_{1;2} &= -\frac{11}{6}\pm\frac{1}{6}; &&\\ \left.\begin{aligned} x_1 &= -\frac{5}{3}\\ x_2 &= -2\end{aligned}\right\} & \quad \mathbb{L}=\left\{-\frac{5}{3};-2\right\}. &&\end{aligned}$$

Probe an der Ausgangsgleichung:

1. Lösung:

linke Seite

$$\begin{aligned}&\left[5\cdot\left(-\frac{5}{3}\right)+9\right]\cdot\left(-\frac{5}{3}+1\right)-4=\\ &\left(-\frac{25}{3}+9\right)\cdot\left(-\frac{5}{3}+1\right)-4=\\ &\frac{2}{3}\cdot\left(-\frac{2}{3}\right)-4=\\ &-\frac{4}{9}-4=\underline{-\frac{40}{9}}.\end{aligned}$$

rechte Seite

$$\begin{aligned}&\left(-\frac{5}{3}-1\right)\cdot\left[2\cdot\left(-\frac{5}{3}\right)+5\right]=\\ &\left(-\frac{8}{3}\right)\cdot\left(-\frac{10}{3}+5\right)=\\ &\left(-\frac{8}{3}\right)\cdot\frac{5}{3}=\underline{-\frac{40}{9}}.\end{aligned}$$

2. Lösung:

linke Seite

$$\begin{aligned}&[5\cdot(-2)+9]\cdot(-2+1)-4=\\ &(-1)\cdot(-1)-4=\\ &1-4=\\ &\underline{-3}.\end{aligned}$$

rechte Seite

$$\begin{aligned}&(-2-1)\cdot[2\cdot(-2)+5]=\\ &(-3)\cdot 1=\underline{-3}.\end{aligned}$$

$$
\begin{aligned}
(x+1{,}5)^2 &= 0{,}8x(x+5)+0{,}5 && \| \text{ Ausmultiplizieren}\\
x^2+3x+2{,}25 &= 0{,}8x^2+4x+0{,}5 && \| -0{,}8x^2-4x-0{,}5\\
0{,}2x^2-x+1{,}75 &= 0 && \| \cdot 5\\
x^2-5x+8{,}75 &= 0\\
x_{1;2} &= 2{,}5 \pm \sqrt{2{,}5^2-8{,}75}\\
x_{1;2} &= 2{,}5 \pm \sqrt{6{,}25-8{,}75}\\
x_{1;2} &= 2{,}5 \pm \sqrt{-2{,}5}.
\end{aligned}
$$

Da sich aus einer negativen Zahl nicht die Wurzel ziehen lässt, wird die gegebene Gleichung von keiner reellen Zahl erfüllt.

Ihre Lösungsmenge ist leer: $\mathbb{L} = \{\,\}$.

$$
\begin{aligned}
\frac{x+18}{84-x} &= \frac{2x}{100-x} && \| \cdot (84-x)\cdot(100-x)\\
\frac{(x+18)(84-x)(100-x)}{84-x} &= \frac{2x(84-x)(100-x)}{100-x} && \| \text{ Kürzen}\\
(x+18)(100-x) &= 2x(84-x) && \| \text{ Ausmultiplizieren}\\
100x-x^2+1800-18x &= 168x-2x^2 && \| \text{ Zusammenfassen}\\
82x-x^2+1800 &= 168x-2x^2 && \| -168x+2x^2\\
x^2-86x+1800 &= 0\\
x_{1;2} &= 43 \pm \sqrt{43^2-1800}\\
x_{1;2} &= 43 \pm 7;\\
\left.\begin{aligned} x_1 &= 50\\ x_2 &= 36 \end{aligned}\right\} & \quad \mathbb{L} = \{50; 36\}.
\end{aligned}
$$

Probe:

1. Lösung:

linke Seite	rechte Seite
$\frac{50+18}{84-50} = \frac{68}{34} = \underline{2}.$	$\frac{2\cdot 50}{100-50} = \frac{100}{50} = \underline{2}.$

2. Lösung:

linke Seite	rechte Seite
$\frac{36+18}{84-36} = \frac{54}{48} = \underline{1{,}125}$.	$\frac{2 \cdot 36}{100-36} = \frac{72}{64} = \underline{1{,}125}$.

10 Berechne ebenso die Lösungsmengen der folgenden quadratischen Gleichungen.

a) $4x^2 + 17x = 15$;

b) $x^2 + (x+7)^2 = 865$;

c) $(15+x)\cdot(20+x) = 414$;

d) $(3x+1)\cdot(x-7) = (2x-17)\cdot(x-5) - 84$;

e) $\frac{x(x-1)}{2} = 300$;

f) $(x-4)\cdot(x+7) = 3(x+12)$;

g) $(x+1)\cdot(2x+3) = 4x^2 - 22$;

h) $\frac{x}{x+8} = \frac{x+3}{2x+1}$;

i) $\frac{3x}{x+4} = \frac{x+2}{x}$;

k) $\frac{2}{x} + \frac{2}{x+6} = \frac{8}{9}$;

l) $(16-x)\cdot(17+x) = 260$;

m) $(3x-7)\cdot(2x-5) = x-1$;

n) $\frac{5-3x}{x+1} = \frac{4x-3}{x}$;

o) $2x + \frac{1}{x} = 3$;

p) $0{,}1x^2 = 0{,}57x - 0{,}8$;

q) $x = 1 + \frac{1}{x}$;

r) $x\cdot(35-x) = 304$;

s) $\frac{77}{2x} = \frac{35}{240-2x} + 0{,}2$;

t) $\frac{12}{x} + \frac{x}{12} = 2\frac{49}{60}$;

u) $(x-6)\cdot(x-5) + (x-7)\cdot(x-4) = 10$;

v) $(2x-5)^2 - 80 = (x-6)^2$;

w) $\frac{55}{(x+7)^2} - \frac{4}{x+7} = \frac{1}{11}$;

x) $(6x+2)^2 - 11(6x+2) + 28 = 0$;

y) $x + \frac{1}{x} = 7 + \frac{1}{7}$;

z) $(5-x)\cdot(x-9) = (5-x)\cdot(7-x)$.

7. Zusammenfassung

Das hast du im 2. Kapitel gelernt:

Jede quadratische Gleichung lässt sich durch geeignetes Umformen in die ***Normalform*** *bringen.*

$$x^2 + px + q = 0.$$

Die Elemente ihrer Lösungsmenge erhält man mithilfe der ***allgemeinen Lösungsformel.***

$$x_{1;2} = -\frac{p}{2} \pm \sqrt{\left(\frac{p}{2}\right)^2 - q}.$$

Die Lösungsmenge enthält ***genau zwei*** *Elemente, wenn der unter dem Wurzelzeichen stehende Ausdruck größer als null ist.*

$$\left(\frac{p}{2}\right)^2 - q > 0 \Rightarrow$$
$$\mathbb{L} = \left\{-\frac{p}{2} + \sqrt{\left(\frac{p}{2}\right)^2 - q}; -\frac{p}{2} - \sqrt{\left(\frac{p}{2}\right)^2 - q}\right\}.$$

Die Lösungsmenge enthält ***genau ein*** *Element, wenn der unter dem Wurzelzeichen stehende Ausdruck gleich null ist.*

$$\left(\frac{p}{2}\right)^2 - q = 0 \Rightarrow \mathbb{L} = \left\{-\frac{p}{2}\right\}.$$

Die Lösungsmenge enthält ***kein*** *Element, wenn der unter dem Wurzelzeichen stehende Ausdruck kleiner als null ist.*

$$\left(\frac{p}{2}\right)^2 - q < 0 \Rightarrow \mathbb{L} = \{\ \}.$$

Bei drei häufig auftretenden Fällen kann man sich den Umweg über die Normalform sparen.

1. Fall:

$$(x - a) \cdot (x - b) = 0$$

$x - a = 0$ *oder* $x - b = 0$

$x = a$ *oder* $x = b$

$$\mathbb{L} = \{a; b\}.$$

2. Fall:

$$x^2 = a$$

$x = \sqrt{a}$ *oder* $x = -\sqrt{a}$

$$\mathbb{L} = \{\sqrt{a}; -\sqrt{a}\}.$$

3. Fall:

$$(x-a)^2 = b$$

$$x - a = \sqrt{b} \quad \textit{oder} \quad x - a = -\sqrt{b}$$

$$x = a + \sqrt{b} \quad \textit{oder} \quad x = a - \sqrt{b}$$

$$\mathbb{L} = \left\{a + \sqrt{b}; a - \sqrt{b}\right\}.$$

Mit dem nachfolgenden Test kannst du überprüfen, ob du den Stoff des 2. Kapitels beherrschst und auch anwenden kannst. Mehr als zwei Fehler pro Aufgabenblock sollten dir dabei nicht unterlaufen.

8. Test zum 2. Kapitel

1 Bestimme die Lösungsmengen.

a) $(x-7)\cdot(x-3) = 0;$ **b)** $(x+4)\cdot(x-4) = 0;$
c) $x\cdot(x-17) = 0;$ **d)** $(3-x)\cdot(x+5) = 0;$
e) $(2x+3)\cdot(4x-5) = 0;$ **f)** $(1{,}5x+9)\cdot(1{,}44-1{,}2x) = 0.$

2 Bestimme die Lösungsmengen.

a) $x^2 = 16;$ **b)** $x^2 = 11;$ **c)** $x^2 - 256 = 0;$
d) $x^2 + 1 = 0;$ **e)** $16x^2 + 9 = 34;$ **f)** $\frac{x^2}{5} + 1 = 6.$

3 Bestimme die Lösungsmengen.

a) $(x-2)^2 = 169$;
b) $(x+12)^2 = 81$;
c) $\left(x-\frac{5}{6}\right)^2 = \frac{49}{144}$;
d) $(3x+4)^2 - 225 = 0$;
e) $\left(\frac{2}{3}x-1\right)^2 + 25 = 41$;
f) $(2{,}5x+1{,}8)^2 + 25 = 45{,}25$.

4 Bestimme die Lösungsmengen.

a) $x^2 - 4x - 21 = 0$;
b) $x^2 + 1{,}4x + 0{,}48 = 0$;
c) $x^2 + \frac{7}{30}x - \frac{3}{5} = 0$;
d) $x^2 - 5{,}4x + 7{,}29 = 0$;
e) $x^2 - 24x + 150 = 0$;
f) $x^2 + x - 210 = 0$.

5 Bringe auf die Normalform und bestimme die Lösungsmenge.

a) $5x^2 = 512 - 24x$;
b) $16x \cdot (x-8) + 31 = 0$;
c) $(x-5)^2 + (x-1)^2 = 40$;
d) $(3x-7)\cdot(2x-9) - (5x-12)\cdot(x-6) = (x-2)\cdot(2x-3)$;
e) $\frac{3x+4}{x+5} + \frac{x-11}{x-1} = 1$;
f) $x\cdot(x-1) + 2x^2 = (1+3x)\cdot(1-3x)$.

Betragsgleichungen und Betragsungleichungen

Nach der Behandlung quadratischer Gleichungen wären nun eigentlich die quadratischen **Un**gleichungen an der Reihe. Es zeigt sich jedoch, dass der einfachste Weg zur Lösungsmenge einer quadratischen Ungleichung in den meisten Fällen über eine Betragsungleichung führt. Deshalb ist es angebracht, dass wir uns zunächst einmal mit Betragsgleichungen und Betragsungleichungen beschäftigen.

1. Der Betrag einer Zahl

Die zu den beiden Zahlen (-5) und $(+5)$ gehörenden Punkte auf dem Zahlenstrahl haben die gleiche Entfernung vom Nullpunkt.

Gekennzeichnet wird diese Entfernung durch den so genannten Betrag.

Man sagt:	*Man schreibt:*
Der Betrag der Zahl (-5) *ist* 5.	$\lvert -5 \rvert = 5$
Der Betrag der Zahl $(+5)$ *ist* 5.	$\lvert +5 \rvert = 5$
Der Betrag der Zahl $\left(-\frac{2}{3}\right)$ *ist* $\frac{2}{3}$.	$\left\lvert -\frac{2}{3} \right\rvert = \frac{2}{3}$
Der Betrag der Zahl 0,75 *ist* 0,75.	$\lvert 0{,}75 \rvert = 0{,}75$

2. Betragsgleichungen der Form |x| = c

Mit der Gleichung $|x| = 7$ werden Zahlen gesucht, deren Betrag gleich 7 ist.

Die zu diesen Zahlen gehörenden Punkte auf der Zahlengeraden müssen also vom Nullpunkt genau 7 Längeneinheiten entfernt sein.

Es gibt genau zwei derartige Zahlen:

$+7$ und -7,

denn: $|+7| = 7$ und $|-7| = 7$.

Bei der Gleichung

$$|x| = 7$$

kann man also an die Stelle von x

entweder die Zahl +7 **oder** die Zahl −7

setzen. Für die Lösungsmenge gilt somit:

$$\mathbb{L} = \{+7; -7\}.$$

Weitere Beispiele in Kurzform:

- $|x| = 1{,}5$

  $x = +1{,}5$ oder $x = -1{,}5$

  $\mathbb{L} = \{+1{,}5; -1{,}5\}.$

$$|x| = \frac{2}{3}$$

$$x = +\frac{2}{3} \quad \text{oder} \quad x = -\frac{2}{3}$$

$$\mathbb{L} = \left\{+\frac{2}{3}; -\frac{2}{3}\right\}.$$

1 Berechne ebenso die Lösungsmengen der folgenden Gleichungen.

a) $|x| = 12$; **b)** $|x| = 0{,}75$; **c)** $|x| = 3\frac{1}{3}$;

d) $|x| = 42$; **e)** $|x| = 21{,}38$; **f)** $|x| = 15\frac{3}{4}$.

3. Betragsgleichungen der Form |ax + b| = c

Der Betrag einer um 5 vergrößerten Zahl ist 7. Wie heißt die Zahl? Diese Fragestellung führt auf die Gleichung $|x + 5| = 7$.

Zu ihrer Lösungsmenge gelangen wir schrittweise durch die folgende Überlegung.

1. Schritt:
Wenn der Betrag der Zahl (x + 5) gleich 7 ist, dann muss die Zahl (x + 5) selbst entweder gleich +7 oder gleich −7 sein, denn |+7| = 7 und |−7| = 7. →

$$|x + 5| = 7$$

$$x + 5 = 7 \quad \text{oder} \quad x + 5 = -7.$$

2. Schritt:
Die gesuchte Zahl x erhält man, wenn man auf beiden Seiten der Gleichungen 5 subtrahiert. →

$$x = 2 \quad \text{oder} \quad x = -12.$$

Ergebnis:
Die Lösungsmenge der gegebenen Gleichung enthält also die Zahlen 2 und −12. →

$$\mathbb{L} = \{2; -12\}.$$

Und so sieht unser Lösungsweg in einer Kurzform aus:

$$|x+5| = 7.$$

$x+5=7$	oder	$x+5=-7$
$x=2$	oder	$x=-12$

$$\mathbb{L} = \{2; -12\}.$$

Probe

1. Lösung: $|2+5| = |7| = 7.$

2. Lösung: $|-12+5| = |-7| = 7.$

Weitere Beispiele:

- $$|7x| = 35$$

$7x=35$	oder	$7x=-35$
$x=5$	oder	$x=-5$

$$\mathbb{L} = \{5; -5\}.$$

Probe

1. Lösung: $|7 \cdot 5| = |35| = 35.$

2. Lösung: $|7 \cdot (-5)| = |-35| = 35.$

- $$|3x+4| = 10$$

$3x+4=10$	oder	$3x+4=-10$
$3x=6$	oder	$3x=-14$
$x=2$	oder	$x=-\frac{14}{3}$

$$\mathbb{L} = \left\{2; -\frac{14}{3}\right\}.$$

Probe

1. Lösung:

$$|3 \cdot 2 + 4| = |10| = 10.$$

2. Lösung:

$$\left|3 \cdot \left(-\frac{14}{3}\right) + 4\right| = |-10| = 10.$$

$$|5x - 3| = -3.$$

Die Lösungsmenge ist leer, weil der Betrag einer Zahl nicht negativ sein kann.

$$\mathbb{L} = \{\,\}.$$

2 Berechne ebenso die Lösungsmengen der folgenden Gleichungen.

a) $|x + 7| = 3$; **b)** $|x - 13| = 15$; **c)** $|13 - x| = 15$; **d)** $|3{,}5 - x| = 5$;
e) $|1{,}7 + x| = 2{,}8$; **f)** $|2x + 3| = 9$; **g)** $|4 - 2x| = 8$; **h)** $|3 + 5x| = 38$;
i) $\left|\frac{1}{2}x - 8\right| = 12$; **k)** $|15 - 12x| = 28$.

4. Betragsungleichungen der Form |x| < c

Mit der Ungleichung $|x| < 4$ werden diejenigen Zahlen gesucht, deren Betrag kleiner als 4 ist.

Die zu diesen Zahlen gehörenden Punkte auf der Zahlengeraden müssen also vom Nullpunkt um weniger als 4 Längeneinheiten entfernt sein:

Zur Lösungsmenge der Ungleichung $|x| < 4$ gehören somit alle Zahlen, die zwischen –4 und +4 liegen.

3 Betragsgleichungen und Betragsungleichungen

Die Betragsungleichung: $|x| < 4$

ist somit gleichbedeutend mit der Doppelungleichung: $-4 < x < +4$.

Für ihre Lösungsmenge $\mathbb{L}$ gilt also: $\mathbb{L} = \{x \mid -4 < x < +4\}$.

Der Ausdruck $\{x \mid -4 < x < +4\}$ wird gelesen:
„Menge aller x, für die gilt: –4 kleiner x kleiner +4"
oder „Menge aller x mit der Eigenschaft –4 kleiner x kleiner +4".

Häufig verwendet man zur Darstellung derartiger Lösungsmengen die so genannte **Intervallschreibweise.**

Für $\{x \mid a < x < b\}$ schreibt man $]a;b[$ („offenes Intervall").

Für $\{x \mid a \leq x \leq b\}$ schreibt man $[a;b]$ („geschlossenes Intervall").

Für $\{x \mid a \leq x < b\}$ schreibt man $[a;b[$ („halb offenes Intervall").

Für $\{x \mid a < x \leq b\}$ schreibt man $]a;b]$ („halb offenes Intervall").

Die Lösungsmenge $\mathbb{L} = \{x \mid -4 < x < +4\}$ lautet also in Intervallschreibweise $\mathbb{L} =]-4;+4[$.

Weitere Beispiele:

- Die Betragsungleichung: $|x| \leq 5$.
  Die Doppelungleichung: $-5 \leq x \leq +5$.
  Die Lösungsmenge: $\mathbb{L} = \{x \mid -5 \leq x \leq +5\} = [-5;+5]$.

- Die Betragsungleichung: $|x| < -3$.
  Die Lösungsmenge ist leer, weil der Betrag einer Zahl nicht negativ sein kann: $\mathbb{L} = \{\,\}$.

- Die Betragsungleichung: $|x| \leq 0$.

  Die Lösungsmenge enthält nur das Element Null, weil nur für Null gilt: $|0| = 0 < 0$: $\mathbb{L} = \{0\}$.

- Die Betragsungleichung: $|x| < 0$.

  Die Lösungsmenge ist leer, weil der Betrag einer Zahl nicht kleiner als null sein kann: $\mathbb{L} = \{\,\}$.

Aus den Beispielen ergibt sich die folgende Zusammenfassung aller möglichen Fälle:

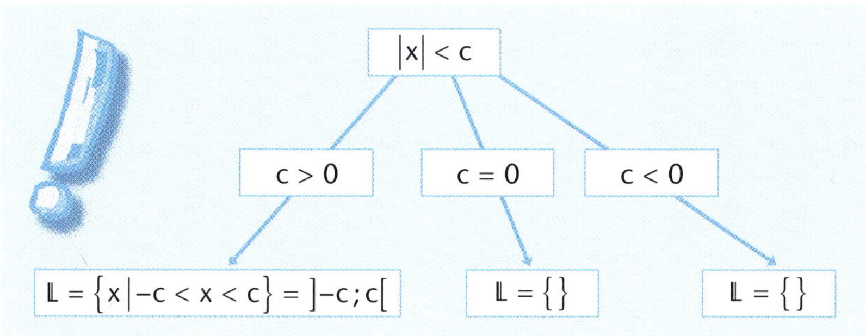

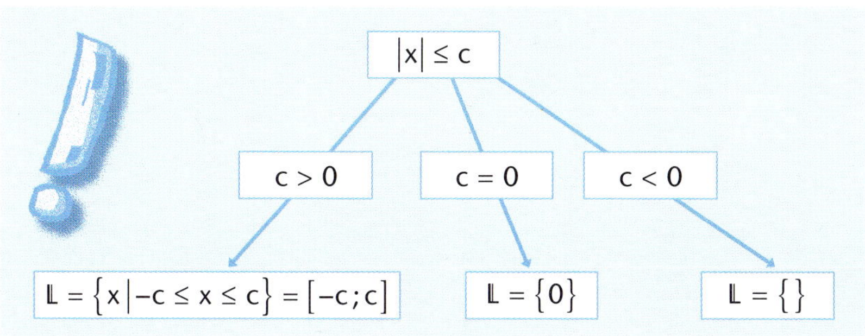

3 Bestimme ebenso die Lösungsmengen der folgenden Ungleichungen.

a) $|x| < 7$; **b)** $|x| \leq 12$; **c)** $|x| < 25$; **d)** $|x| \leq \frac{3}{4}$; **e)** $|x| < 7{,}38$;

f) $|x| \le 5{,}2$; g) $|x| < -5$; h) $|x| \le 0$; i) $|x| \le -0{,}5$.

5. Betragsungleichungen der Form |ax + b| < c

Gesucht werden alle Zahlen mit der folgenden Eigenschaft: Der Betrag der um 3 vergrößerten Zahl soll kleiner als 5 sein.

Die Suche nach diesen Zahlen führt auf die Betragsungleichung $|x+3| < 5$.

Zu ihrer Lösungsmenge gelangen wir schrittweise durch die folgende Überlegung:

1. Schritt:
Die Betragsungleichung → $|x+3| < 5$

2. Schritt:
ist gleichbedeutend mit der Doppelungleichung → $-5 < x + 3 < +5.$

3. Schritt:
Damit x allein steht, subtrahieren wir von jedem Glied der Doppelungleichung die Zahl 3. → $-5 - 3 < x + 3 - 3 < +5 - 3$

$-8 < x < +2.$

Ergebnis:
Die Lösungsmenge enthält also alle Zahlen zwischen –8 und +2. → $\mathbb{L} = \{x \mid -8 < x < +2\}$

$= \,]-8; +2[.$

Weitere Beispiele in Kurzform:

- Die Betragsungleichung: $|x - 2| < 4.$

  Die Doppelungleichung: $-4 < x - 2 < +4 \quad \| +2$

  $-4 + 2 < x - 2 + 2 < +4 + 2$

  $-2 < x < +6.$

  Die Lösungsmenge: $\mathbb{L} = \{x \mid -2 < x < +6\} = \,]-2; +6[.$

- Die Betragsungleichung: $|5x| < 8.$
  Die Doppelungleichung: $-8 < 5x < +8 \quad \| :5$
  $-\frac{8}{5} < x < +\frac{8}{5}.$
  Die Lösungsmenge: $\mathbb{L} = \left\{x \middle| -\frac{8}{5} < x < +\frac{8}{5}\right\} = \left]-\frac{8}{5}; +\frac{8}{5}\right[.$

- Die Betragsungleichung: $|3x - 8| \leq 10.$
  Die Doppelungleichung: $-10 \leq 3x - 8 \leq +10 \quad \| +8$
  $-2 \leq 3x \leq +18 \quad \| :3$
  $-\frac{2}{3} \leq x \leq +6.$
  Die Lösungsmenge: $\mathbb{L} = \left\{x \middle| -\frac{2}{3} \leq x \leq +6\right\} = \left[-\frac{2}{3}; +6\right].$

4 Bestimme ebenso die Lösungsmengen der folgenden Betragsungleichungen.

a) $|x + 7| < 9;$ **b)** $|x - 3| < 5;$ **c)** $|x + 15| \leq 12;$
d) $|3 - x| \leq 8;$ **e)** $|7{,}5 + x| \leq 3{,}8;$ **f)** $|2x + 3| \leq 9;$
g) $|4x - 7| \leq 19;$ **h)** $|3 - 2x| \leq 11;$ **i)** $|1{,}5x + 3{,}2| \leq 11{,}7;$
k) $\left|\frac{4}{5}x - \frac{11}{15}\right| \leq \frac{3}{10}.$

6. Betragsungleichungen der Form |x| > c

Mit der Ungleichung $|x| > 3$ werden diejenigen Zahlen gesucht, deren Betrag größer als 3 ist. Die zu den gesuchten Zahlen gehörenden Punkte auf der Zahlengeraden müssen also vom Nullpunkt um mehr als 3 Längeneinheiten entfernt sein.

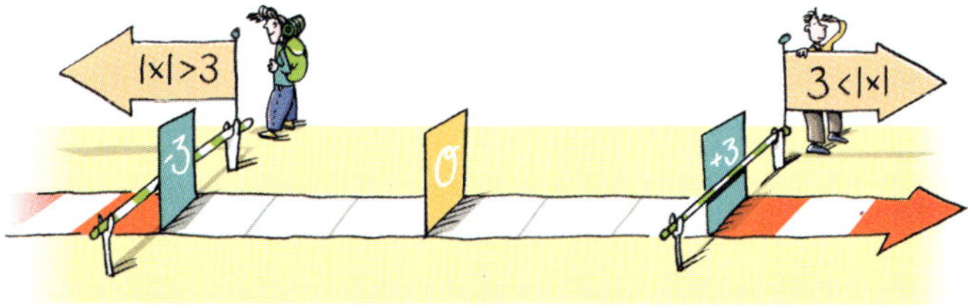

Zur Lösungsmenge der Ungleichung $|x| > 3$ gehören somit alle Zahlen, die kleiner als –3 oder größer als +3 sind.

1. Schritt:
Hinter der Betragsungleichung → $|x| > 3$
2. Schritt:
verbergen sich zwei betragsfreie Ungleichungen: → $x < -3$ oder $x > +3$.
Ergebnis:
Für ihre gemeinsame Lösungsmenge gilt: → $\mathbb{L} = \{x \mid x < -3 \text{ oder } x > +3\}$.

Weitere Beispiele:

- Die Betragsungleichung: $|x| \geq 5$.
  Die beiden betragsfreien Ungleichungen: $x \leq -5$ oder $x \geq +5$.
  Die Lösungsmenge: $\mathbb{L} = \{x \mid x \leq -5 \text{ oder } x \geq +5\}$.

- Die Betragsungleichung: $|x| > -2$.
  Die Lösungsmenge enthält alle reellen Zahlen, da für den Betrag einer jeden reellen Zahl gilt $|x| \geq 0$, also erst recht $|x| > -2$; $\mathbb{L} = \mathbb{R}$.

- Die Betragsungleichung: $|x| > 0$.
  Die Lösungsmenge enthält alle reellen Zahlen, außer der Null: $\mathbb{L} = \mathbb{R} \setminus \{0\}$.

Aus den Beispielen ergibt sich die folgende Zusammenfassung aller möglichen Fälle:

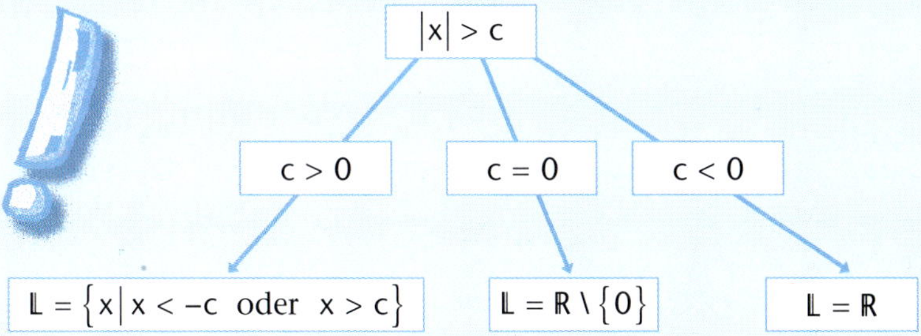

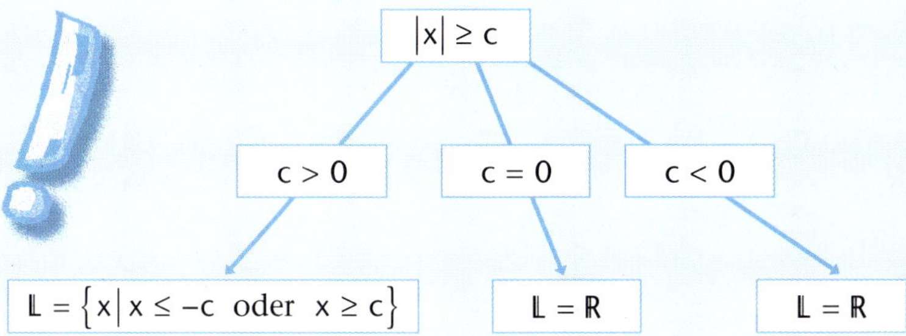

5 Bestimme ebenso die Lösungsmengen der folgenden Betragsungleichungen.

a) $|x| > 1$; **b)** $|x| > 3{,}5$; **c)** $|x| \geq \frac{4}{5}$; **d)** $|x| \geq 17$;

e) $|x| > 0$; **f)** $|x| > -1$; **g)** $|x| \geq 0$; **h)** $|x| \geq -1$.

7. Betragsungleichungen der Form |ax + b| > c

Gesucht werden alle Zahlen mit der folgenden Eigenschaft: Der Betrag der um 3 vergrößerten Zahl soll größer als 4 sein.

Die Suche nach diesen Zahlen führt auf die Betragsungleichung $|x + 3| > 4$.

Zu ihrer Lösungsmenge gelangen wir schrittweise auf dem folgenden Weg:

1. Schritt:
Die Betragsungleichung → $|x+3| > 4$

2. Schritt:
lässt sich in zwei betragsfreie Ungleichungen aufgliedern. → $x+3 < -4$ oder $x+3 > 4$.

3. Schritt:
Damit x allein steht, subtrahieren wir auf beiden Seiten der Ungleichungen die Zahl 3. → $x+3-3 < -4-3$ oder $x+3-3 > 4-3$

$x < -7$ oder $x > 1$.

Ergebnis:
Die Lösungsmenge enthält also alle Zahlen, die entweder kleiner als –7 oder größer als 1 sind. → $\mathbb{L} = \{x \mid x < -7 \text{ oder } x > 1\}$.

Weitere Beispiele in Kurzform:

- Die Betragsungleichung: $|4x| > 10$.

  Die beiden betragsfreien Ungleichungen:

  $4x < -10$ oder $4x > 10 \quad \| :4$

  $x < -\frac{10}{4}$ oder $x > \frac{10}{4}$

  $x < -2{,}5$ oder $x > 2{,}5$.

  Die Lösungsmenge: $\mathbb{L} = \{x \mid x < -2{,}5 \text{ oder } x > 2{,}5\}$.

- Die Betragsungleichung: $|5x-8| \geq 22$.

  Die beiden betragsfreien Ungleichungen:

  $5x-8 \leq -22$ oder $5x-8 \geq 22 \quad \| +8$

  $5x \leq -14$ oder $5x \geq 30 \quad \| :5$

  $x \leq -\frac{14}{5}$ oder $x \geq 6$.

  Die Lösungsmenge: $\mathbb{L} = \{x \mid x \leq -2{,}8 \text{ oder } x \geq 6\}$.

- Die Betragsungleichung: $|x-4| > 6.$

  Die beiden betragsfreien Ungleichungen: $x-4 < -6$ oder $x-4 > 6 \quad \| +4$
  $x < -2$ oder $x > 10.$

  Die Lösungsmenge: $L = \{x \mid x < -2 \text{ oder } x > 10\}.$

6 Bestimme ebenso die Lösungsmengen der folgenden Ungleichungen.

a) $|x-12| > 5;$ **b)** $|x+4{,}8| > 5{,}2;$ **c)** $|15+x| \geq 2;$
d) $|7{,}5-x| \geq 2{,}5;$ **e)** $|8 \cdot x| > 20;$ **f)** $|3x+5| > 7;$
g) $|2{,}5x-3| \geq 12;$ **h)** $|15+12x| > 25;$ **i)** $|19+4x| \geq 1;$
k) $|6-2x| \geq 8.$

Vorsicht bei der folgenden Aufgabe!
Da gehts bunt durcheinander!
Mal steht zwischen dem Betrag
und der Zahl das Zeichen <,
mal das Zeichen >,
mal das Zeichen ≤,
mal das Zeichen ≥.
Also aufpassen, damits nicht schief geht!

7 Bestimme die Lösungsmengen.

a) $|x+15| < 25;$ **b)** $|x-2{,}8| \geq 4{,}2;$ **c)** $\left|x+\frac{4}{5}\right| \leq \frac{2}{15};$
d) $|x+4| \leq 5;$ **e)** $|x+1{,}3| \geq 0;$ **f)** $|x+1{,}3| > 0;$
g) $|8-x| > 2;$ **h)** $|14+x| \leq 14;$ **i)** $|2x+3| \geq 9;$
k) $|5x-2| < 13;$ **l)** $|3-2x| > 9;$ **m)** $|12x+1| \leq 25;$
n) $|4x+5| \geq 14;$ **o)** $|15x-3| < 0;$ **p)** $|15x-3| \leq 0;$
q) $|8-3x| > 25;$ **r)** $|1{,}6x+4{,}3| < 0{,}7;$ **s)** $|1{,}2x-0{,}2| \geq 0{,}1;$
t) $|5x-12| \leq 27;$ **u)** $|8x+4| > 12;$ **v)** $|3+15x| < 12;$
w) $|4-4x| \leq 8;$ **x)** $|4x+4| \leq 8;$ **y)** $|4x+4| > 8.$

8. Zusammenfassung

Das hast du im 3. Kapitel gelernt:

Wenn der Betrag der Zahl (ax + b) *gleich der nichtnegativen Zahl* c *sein soll, dann muss die Zahl* (ax + b) *selbst* ***entweder*** *gleich* c ***oder*** *gleich* –c *sein. Durch Äquivalenzumformungen der beiden so erhaltenen betragsfreien Gleichungen erhält man die Lösungsmenge der ursprünglichen Betragsgleichung.*

$$|ax + b| = c; \quad c \geq 0$$

$$ax + b = c \quad \textit{oder} \quad ax + b = -c$$

$$ax + b = c \quad \| -b \qquad\qquad ax + b = -c \quad \| -b$$

$$ax = c - b \quad \| : a \qquad\qquad ax = -c - b \quad \| : a$$

$$x = \frac{c - b}{a} \qquad\qquad x = \frac{-c - b}{a}$$

$$\mathbb{L} = \left\{\frac{c - b}{a}; \frac{-c - b}{a}\right\}.$$

Der Betrag einer Zahl ist stets nichtnegativ. Er ist also mindestens gleich null. Wenn daher c *eine negative Zahl ist, dann wird die Ungleichung von keiner Zahl erfüllt.*

$$|ax + b| = c; \quad c < 0.$$

$$\mathbb{L} = \{\,\}.$$

Wenn der Betrag der Zahl (ax + b) *größer als die nichtnegative Zahl* c *sein soll, dann muss die Zahl* (ax + b) *selbst* ***entweder*** *kleiner als* –c ***oder*** *größer als* c *sein. Durch Äquivalenzumformungen der beiden so erhaltenen betragsfreien Ungleichungen erhält man die Lösungsmenge der ursprünglichen Betragsungleichung.*

$$|ax + b| > c; \quad c \geq 0.$$

$$ax + b < -c \quad \textit{oder} \quad ax + b > c$$

$$ax + b < -c \qquad\qquad ax + b > c \quad \| -b$$

$$ax < -c - b \qquad\qquad ax > c - b \quad \| : a$$

$$x < \frac{-c - b}{a} \qquad\qquad x > \frac{c - b}{a}$$

$$\mathbb{L} = \left\{x \,\middle|\, x < \frac{-c - b}{a} \;\textit{oder}\; x > \frac{c - b}{a}\right\}.$$

Der Betrag einer Zahl ist nichtnegativ. Er ist daher stets größer als jede beliebige negative Zahl. Wenn also c *eine negative Zahl ist, dann wird die Ungleichung von allen reellen Zahlen erfüllt. Sie ist allgemein gültig.*

$$|ax + b| > c; \quad c < 0.$$

$$\mathbb{L} = \mathbb{R}.$$

Wenn der Betrag der Zahl (ax + b) *kleiner als die nichtnegative Zahl c sein soll, dann muss die Zahl* (ax + b) *selbst zwischen –c und c liegen.*

$$|ax + b| < c; \quad c \geq 0.$$

$$-c < ax + b < c.$$

Durch Äquivalenzumformungen der so erhaltenen betragsfreien Doppelungleichung erhält man die Lösungsmenge der ursprünglichen Betragsungleichung.

$$-c < ax + b < c \quad \| -b$$

$$-c - b < ax < c - b \quad \| : a$$

$$\frac{-c-b}{a} < x < \frac{c-b}{a}$$

$$\mathbb{L} = \left\{ x \,\middle|\, \frac{-c-b}{a} < x < \frac{c-b}{a} \right\}.$$

Da der Betrag einer Zahl nichtnegativ ist, kann er nicht kleiner sein als eine negative Zahl. Wenn daher c eine negative Zahl ist, dann wird die Ungleichung von keiner Zahl erfüllt. Ihre Lösungsmenge ist die leere Menge.

$$|ax + b| < c; \quad c < 0.$$

$$\mathbb{L} = \{\}.$$

Mit dem nachfolgenden Test kannst du überprüfen, ob du den Stoff des 3. Kapitels verstanden hast und auch anwenden kannst. Mehr als zwei Fehler pro Aufgabenblock sollten dir dabei nicht unterlaufen.

9. Test zum 3. Kapitel

1 Bestimme die Lösungsmengen der folgenden Gleichungen.

a) $|x| = 5;$ **b)** $|x + 7| = 15;$ **c)** $|x - 7| = 15;$

d) $|3x + 5| = 12;$ **e)** $|2{,}5x - 7{,}5| = 5;$ **f)** $|3 - 4x| = 12.$

2 Bestimme die Lösungsmengen der folgenden Ungleichungen.

a) $|x| \geq 5;$ **b)** $|x + 12| > 13;$ **c)** $|x - 15| > 28;$

d) $|5x + 25| \geq 50;$ **e)** $|0{,}8x - 1{,}2| > 1{,}8;$ **f)** $|12 + 4x| \geq 16.$

3 Bestimme die Lösungsmengen.

a) $|x| < 7;$ **b)** $|x + 11| \leq 12;$ **c)** $|x - 7| \leq 12;$

d) $|2{,}4x + 3{,}2| \leq 1{,}6;$ **e)** $|15x - 25| < 10;$ **f)** $|14 - 2x| \leq 11.$

3 Betragsgleichungen und Betragsungleichungen

4 Bestimme die Lösungsmengen.

a) $|x + 3| \geq 15$; **b)** $|2x - 5| = 12$; **c)** $|4x + 16| < 10$;

d) $|7x - 3| \leq 0$; **e)** $|7x - 3| \geq 0$; **f)** $|7x - 3| < 0$;

g) $|7x - 3| > 0$; **h)** $|7x - 3| = 0$.

Quadratische Ungleichungen

Quadratische Ungleichungen unterscheiden sich von quadratischen Gleichungen dadurch, dass bei ihnen anstelle des Gleichheitszeichens eines der Zeichen $<$ („kleiner als"),
$>$ („größer als"),
$\leq$ („kleiner oder gleich"),
$\geq$ („größer oder gleich") steht.

Beispiele für quadratische Ungleichungen sind:

$$(x-3)\cdot(x-5)>0; \qquad \left(x-\frac{5}{8}\right)^2-\frac{2}{3}\leq 0;$$

$$x^2>2{,}25; \qquad x^2+4x+3>25;$$

$$(x+5)^2\geq 9; \qquad x^2-0{,}75x-1{,}25\geq 0.$$

Bevor wir uns an die Behandlung quadratischer Ungleichungen heranwagen können, müssen wir uns zunächst einmal die Regeln für die Multiplikation positiver und negativer Zahlen in Erinnerung rufen:

1. Quadratische Ungleichungen der Form $(x - a) \cdot (x - b) > 0$

Gegeben ist die quadratische Ungleichung
$(x - 3) \cdot (x - 5) > 0.$

Zu ihrer Lösungsmenge führt uns schrittweise die folgende Überlegung:

Das Produkt aus den beiden Faktoren $(x - 3)$ und $(x - 5)$ soll größer als 0, also **positiv** sein:

$$(x - 3) \cdot (x - 5) > 0.$$

Es gibt aber genau zwei Fälle, in denen ein Produkt aus zwei Faktoren positiv ist:

1. Fall:
Beide Faktoren sind **positiv:**

$$x - 3 > 0 \quad \text{und} \quad x - 5 > 0.$$

2. Fall:
Beide Faktoren sind **negativ:**

$$x - 3 < 0 \quad \text{und} \quad x - 5 < 0.$$

Auflösen dieser Ungleichungen nach x führt zu

$$x > 3 \quad \text{und} \quad x > 5.$$

In die Lösungsmenge $\mathbb{L}_1$ des 1. Falles gehören also alle Zahlen, die **sowohl** größer als 3, **als auch** größer als 5 sind.
Nun sind aber alle Zahlen, die größer als 5 sind, zugleich auch größer als 3. Somit gilt für die Lösungsmenge $\mathbb{L}_1$ des 1. Falles:

$$\mathbb{L}_1 = \{x | x > 5\}.$$

Auflösen dieser Ungleichungen nach x führt zu

$$x < 3 \quad \text{und} \quad x < 5.$$

In die Lösungsmenge $\mathbb{L}_2$ des 2. Falles gehören also alle Zahlen, die **sowohl** kleiner als 3, **als auch** kleiner als 5 sind.
Nun sind aber alle Zahlen, die kleiner als 3 sind, zugleich auch kleiner als 5. Somit gilt für die Lösungsmenge $\mathbb{L}_2$ des 2. Falles:

$$\mathbb{L}_2 = \{x | x < 3\}.$$

Da der 1. Fall **oder** der 2. Fall eintreten kann, ist die Gesamtlösungsmenge $\mathbb{L}$ der gegebenen Ungleichung gleich der **Vereinigungsmenge** von $\mathbb{L}_1$ und $\mathbb{L}_2$:

$$\mathbb{L} = \mathbb{L}_1 \cup \mathbb{L}_2.$$

Und damit erhalten wir:

$$\mathbb{L} = \{x | x > 5 \quad \text{oder} \quad x < 3\}.$$

Die Darstellung der Lösungsmenge auf der Zahlengeraden sieht folgendermaßen aus:

Und so sieht unser Verfahren in einer Kurzform aus:

$$(x-3)\cdot(x-5) > 0$$

1. Fall

Beide Faktoren sind **positiv:**

$x-3>0$ und $x-5>0$

$x>3$ und $x>5$;

$\mathbb{L}_1 = \{x \mid x > 5\}$

2. Fall

Beide Faktoren sind **negativ:**

$x-3<0$ und $x-5<0$

$x<3$ und $x<5$;

$\mathbb{L}_2 = \{x \mid x < 3\}$

$\mathbb{L} = \mathbb{L}_1 \cup \mathbb{L}_2$

$\mathbb{L} = \{x \mid x > 5 \text{ oder } x < 3\}$.

Weitere Beispiele:

- $$(x-2)\cdot(x+3) > 0$$

  1. Fall

  Beide Faktoren sind **positiv:**

  $x-2>0$ und $x+3>0$

  $x>2$ und $x>-3$.

  Alle Zahlen, die größer als 2 sind, sind zugleich auch größer als –3:

  $\mathbb{L}_1 = \{x \mid x > 2\}$

  2. Fall

  Beide Faktoren sind **negativ:**

  $x-2<0$ und $x+3<0$

  $x<2$ und $x<-3$.

  Alle Zahlen, die kleiner als –3 sind, sind zugleich auch kleiner als 2:

  $\mathbb{L}_2 = \{x \mid x < -3\}$

  $\mathbb{L} = \mathbb{L}_1 \cup \mathbb{L}_2$

  $\mathbb{L} = \{x \mid x < -3 \text{ oder } x > 2\}$.

- $$(x+7)\cdot(x+4) \geq 0$$

  1. Fall

  Beide Faktoren sind **positiv oder gleich** 0:

  $x+7 \geq 0$ und $x+4 \geq 0$

  $x \geq -7$ und $x \geq -4$.

  2. Fall

  Beide Faktoren sind **negativ oder gleich** 0:

  $x+7 \leq 0$ und $x+4 \leq 0$

  $x \leq -7$ und $x \leq -4$.

Alle Zahlen, die größer oder gleich –4 sind, sind zugleich auch größer als –7:

$\mathbb{L}_1 = \{x \mid x \geq -4\}$

Alle Zahlen, die kleiner oder gleich –7 sind, sind zugleich auch kleiner als –4:

$\mathbb{L}_2 = \{x \mid x \leq -7\}$

$$\mathbb{L} = \mathbb{L}_1 \cup \mathbb{L}_2$$

$$\mathbb{L} = \{x \mid x \leq -7 \text{ oder } x \geq -4\}.$$

$$(3x - 5) \cdot (2x + 3) > 0$$

1. Fall

Beide Faktoren sind **positiv:**

$3x - 5 > 0$ und $2x + 3 > 0$

$3x > 5$ und $2x > -3$

$x > \frac{5}{3}$ und $x > -\frac{3}{2}$;

$\mathbb{L}_1 = \left\{x \mid x > \frac{5}{3}\right\}$

2. Fall

Beide Faktoren sind **negativ:**

$3x - 5 < 0$ und $2x + 3 < 0$

$3x < 5$ und $2x < -3$

$x < \frac{5}{3}$ und $x < -\frac{3}{2}$;

$\mathbb{L}_2 = \left\{x \mid x < -\frac{3}{2}\right\}$

$$\mathbb{L} = \mathbb{L}_1 \cup \mathbb{L}_2$$

$$\mathbb{L} = \left\{x \mid x < -\frac{3}{2} \text{ oder } x > \frac{5}{3}\right\}.$$

1 Bestimme ebenso die Lösungsmengen.

a) $(x - 2) \cdot (x - 8) > 0$; b) $(x + 2) \cdot (x - 8) > 0$;
c) $(x - 2) \cdot (x + 8) > 0$; d) $(x + 2) \cdot (x + 8) > 0$;
e) $(x - 5) \cdot (x + 7) \geq 0$; f) $x \cdot (x + 2) > 0$;
g) $(2x + 4) \cdot (3x - 9) \geq 0$; h) $(5x - 4) \cdot x \geq 0$;
i) $(4x - 2) \cdot (3x - 12) > 0$; k) $(3 - x) \cdot (5 - x) \geq 0$.

2. Quadratische Ungleichungen der Form $(x - a) \cdot (x - b) < 0$

Im Unterschied zu den bisherigen Aufgaben soll bei der quadratischen Ungleichung $(x - 2) \cdot (x - 6) < 0$ das Produkt aus den beiden Faktoren $(x - 2)$ und $(x - 6)$ kleiner als 0, also **negativ** sein.

Es gibt aber genau zwei Fälle, in denen ein Produkt aus zwei Faktoren negativ ist:

1. Fall:
Der 1. Faktor ist **positiv** und der 2. Faktor ist **negativ:**

$x - 2 > 0$ und $x - 6 < 0$
$x > 2$ und $x < 6$.

In die Lösungsmenge $\mathbb{L}_1$ des 1. Falles gehören also alle Zahlen, die **sowohl** größer als 2, **als auch** kleiner als 6 sind.
Das sind aber gerade alle Zahlen, die zwischen 2 und 6 liegen. Somit gilt für die Lösungsmenge $\mathbb{L}_1$ des 1. Falles:

$$\mathbb{L}_1 = \{x | 2 < x < 6\}.$$

2. Fall:
Der 1. Faktor ist **negativ** und der 2. Faktor ist **positiv:**

$x - 2 < 0$ und $x - 6 > 0$
$x < 2$ und $x > 6$.

In die Lösungsmenge $\mathbb{L}_2$ des 2. Falles gehören also alle Zahlen, die **sowohl** kleiner als 2, **als auch** größer als 6 sind.
Solche Zahlen gibt es nicht. Also ist die Lösungsmenge $\mathbb{L}_2$ des 2. Falles leer und es gilt:

$$\mathbb{L}_2 = \{\ \}.$$

Somit ergibt sich für die Gesamtlösungsmenge $\mathbb{L}$ der gegebenen Ungleichung:

$$\mathbb{L} = \mathbb{L}_1 \cup \mathbb{L}_2 = \mathbb{L}_1 = \{x | 2 < x < 6\}.$$

Weitere Beispiele:

$$(x+3)\cdot(x-4) < 0$$

1. Fall

1. Faktor positiv und 2. Faktor negativ

$x + 3 > 0$ und $x - 4 < 0$

$x > -3$ und $x < 4.$

Alle Zahlen zwischen –3 und 4 gehören in die Lösungsmenge des 1. Falles:

$$\mathbb{L}_1 = \{x \mid -3 < x < 4\}.$$

2. Fall

1. Faktor negativ und 2. Faktor positiv

$x + 3 < 0$ und $x - 4 > 0$

$x < -3$ und $x > 4.$

Zahlen, die kleiner als –3 und zugleich größer als 4 sind, gibt es nicht:

$$\mathbb{L}_2 = \{\,\}.$$

$$\mathbb{L} = \mathbb{L}_1 \cup \mathbb{L}_2 = \mathbb{L}_1 = \{x \mid -3 < x < 4\}.$$

$$(x+2)\cdot(x+7) \le 0$$

1. Fall

1. Faktor positiv oder 0 und 2. Faktor negativ oder 0

$x + 2 \ge 0$ und $x + 7 \le 0$

$x \ge -2$ und $x \le -7.$

Zahlen, die größer oder gleich –2 und zugleich kleiner oder gleich –7 sind, gibt es nicht:

$$\mathbb{L}_1 = \{\,\}.$$

2. Fall

1. Faktor negativ oder 0 und 2. Faktor positiv oder 0

$x + 2 \le 0$ und $x + 7 \ge 0$

$x \le -2$ und $x \ge -7.$

Alle Zahlen von –7 bis –2 gehören in die Lösungsmenge des 2. Falles:

$$\mathbb{L}_2 = \{x \mid -7 \le x \le -2\}.$$

$$\mathbb{L} = \mathbb{L}_1 \cup \mathbb{L}_2 = \mathbb{L}_2 = \{x \mid -7 \le x \le -2\}.$$

$$(x-4)\cdot x < 0$$

1. Fall				2. Fall	
1. Faktor positiv	und	2. Faktor negativ	1. Faktor negativ	und	2. Faktor positiv
$x-4>0$	und	$x<0$	$x-4<0$	und	$x>0$
$x>4$	und	$x<0.$	$x<4$	und	$x>0.$

$\mathbb{L}_1 = \{\}.$ $\qquad$ $\mathbb{L}_2 = \{x \mid 0 < x < 4\}.$

$$\mathbb{L} = \mathbb{L}_1 \cup \mathbb{L}_2 = \mathbb{L}_2 = \{x \mid 0 < x < 4\}.$$

2 Bestimme ebenso die Lösungsmengen der folgenden Ungleichungen.

a) $(x-4)\cdot(x-3) < 0;$ **b)** $(x+4)\cdot(x-3) < 0;$
c) $(x-4)\cdot(x+3) < 0;$ **d)** $(x+4)\cdot(x+3) < 0;$
e) $(x-5)\cdot(x+1) < 0;$ **f)** $x\cdot(x-2) < 0;$
g) $(3x-6)\cdot(2x+10) \le 0;$ **h)** $(8x-12)\cdot x \le 0;$
i) $(12x-18)\cdot(5x-25) < 0;$ **k)** $(4-x)\cdot(5-x) \le 0.$

Vorsicht bei der folgenden Aufgabe! Die Zeichen <, >, ≤ und ≥ treten im bunten Wechsel auf. Also aufpassen, damits nicht schief geht!

3 Bestimme die Lösungsmengen.

a) $(x-2)\cdot(x+12) > 0;$ **b)** $(x+8)\cdot(x-5) \le 0;$
c) $(x-15)\cdot(x-25) \ge 0;$ **d)** $x\cdot(x+28) < 0;$
e) $(2x+5)\cdot(x-1) > 0;$ **f)** $(x-13)\cdot(x+13) \le 0;$
g) $(x+15)\cdot(x-15) > 0;$ **h)** $(4x+20)\cdot x \le 0;$
i) $(3x-12)\cdot(7x+49) > 0;$ **k)** $(7-2x)\cdot(3-3x) < 0;$
l) $(2x-7)\cdot(3x-3) \ge 0;$ **m)** $x\cdot(5x+7) > 0.$

3. Quadratische Ungleichungen der Form $x^2 < c$

Als Vorbereitung auf die in diesem und den folgenden Abschnitten zu behandelnden Ungleichungen müssen wir uns noch einmal die Definition der Quadratwurzel klarmachen.

Mit dem Zeichen $\sqrt{a}$ $(a > 0)$
wird diejenige ***positive*** *Zahl bezeichnet,*
deren Quadrat gleich a *ist.*

Die Zahl $\sqrt{a}$ hat also zwei Eigenschaften:

1. Sie ist positiv: $\sqrt{a} > 0.$
2. Ihr Quadrat ist gleich a: $\left(\sqrt{a}\right)^2 = a.$

Beispiele:

- $\sqrt{9} = 3$, denn $3 > 0$ und $3^2 = 3 \cdot 3 = 9$;
- $\sqrt{2{,}25} = 1{,}5$, denn $1{,}5 > 0$ und $1{,}5^2 = 1{,}5 \cdot 1{,}5 = 2{,}25$;
- $\sqrt{\frac{4}{25}} = \frac{2}{5}$, denn $\frac{2}{5} > 0$ und $\left(\frac{2}{5}\right)^2 = \frac{2}{5} \cdot \frac{2}{5} = \frac{4}{25}$.

Achtung!
Zwischen der Gleichung $x^2 = 9$
und der Gleichung $x = \sqrt{9}$
besteht ein Unterschied!

Mit der Gleichung
$$x^2 = 9$$
werden diejenigen Zahlen gesucht, deren Quadrat gleich 9 ist.
Es gibt **zwei** Zahlen, die diese Bedingung erfüllen:
1. Die Zahl 3, denn $3^2 = 9$;
2. Die Zahl –3, denn $(-3)^2 = 9$.

Mit der Gleichung
$$x = \sqrt{9}$$
werden diejenigen **positiven** Zahlen gesucht, deren Quadrat gleich 9 ist.
Es gibt **nur eine** Zahl, die diese Bedingung erfüllt, nämlich die Zahl 3, denn $3 > 0$ und $3^2 = 9$.

Für die Lösungsmenge der Gleichung $x^2 = 9$
gilt also: $\mathbb{L} = \{-3; 3\}$.

Für die Lösungsmenge der Gleichung $x = \sqrt{9}$
gilt also: $\mathbb{L} = \{3\}$.

4 Bestimme die Lösungsmengen der folgenden Gleichungen.

a) $x^2 = 16$; **b)** $x = \sqrt{36}$; **c)** $x = \sqrt{\frac{16}{25}}$; **d)** $x^2 = 1{,}44$;

e) $x^2 = 625$; **f)** $x = \sqrt{25}$; **g)** $x = \sqrt{2{,}25}$; **h)** $x^2 = 2$.

Eine berüchtigte Fehlerquelle ist das Ziehen der Wurzel aus dem Quadrat einer Zahl.

Zieht man die Wurzel aus dem Quadrat einer **positiven** Zahl, dann gilt:
$\sqrt{a^2} = a$.

Zieht man die Wurzel aus dem Quadrat einer **negativen** Zahl, dann gilt,
$\sqrt{a^2} = -a$,
denn die Wurzel muss ja stets eine positive Zahl sein.

- $\sqrt{3^2} = 3$;
- $\sqrt{1{,}5^2} = 1{,}5$.

- $\sqrt{(-3)^2} = -(-3) = 3$;
- $\sqrt{(-1{,}5)^2} = -(-1{,}5) = 1{,}5$.

Zieht man die Wurzel aus dem Quadrat einer Zahl, von der man (noch) nicht weiß, ob sie positiv oder negativ ist, dann wird es in jedem Fall richtig, wenn man schreibt $\sqrt{a^2} = |a|$, denn der Betrag einer Zahl ist ja stets nichtnegativ.

- $\sqrt{4^2} = |4| = 4$;
- $\sqrt{(-4)^2} = |-4| = 4$;
- $\sqrt{(-0{,}25)^2} = |-0{,}25| = 0{,}25$;
- $\sqrt{\left(\frac{1}{3}\right)^2} = \left|\frac{1}{3}\right| = \frac{1}{3}$.

Gewöhne dir also an, grundsätzlich so zu schreiben:

$$\sqrt{x^2} = |x|$$

oder $$\sqrt{(x+y)^2} = |x+y|$$

oder $$\sqrt{(x-y)^2} = |x-y|$$

oder $$\sqrt{(xy)^2} = |xy|$$

oder $$\sqrt{\left(\frac{x}{y}\right)^2} = \left|\frac{x}{y}\right|.$$

5 Ziehe die Wurzeln.

a) $\sqrt{7^2}$; b) $\sqrt{(-5)^2}$; c) $\sqrt{(-13)^2}$; d) $\sqrt{(23-50)^2}$;

e) $\sqrt{\left(-\frac{3}{4}\right)^2}$; f) $\sqrt{(12-14)^2}$; g) $\sqrt{[(-2)\cdot 4]^2}$; h) $\sqrt{[8\cdot(-3)]^2}$;

i) $\sqrt{(5x)^2}$; k) $\sqrt{9a^2}$; l) $\sqrt{\left(\frac{x}{2}\right)^2}$; m) $\sqrt{(3a-b)^2}$;

n) $\sqrt{(x+5)^2}$; o) $\sqrt{4\cdot x^2}$; p) $\sqrt{(a-2)^2}$.

Nach diesen Vorbereitungen können wir nun zu den in der Überschrift dieses Abschnittes angekündigten Ungleichungen der Form $x^2 < c$ übergehen.

Gesucht werden alle Zahlen, deren Quadrat kleiner als 9 ist. Die Suche nach diesen Zahlen führt auf die quadratische Ungleichung $x^2 < 9$.

Zu ihrer Lösungsmenge gelangen wir schrittweise durch die folgende Überlegung:

1. Schritt:
Bei der gegebenen quadratischen Ungleichung ⟶ $x^2 < 9$

2. Schritt:
wird auf beiden Seiten die Wurzel gezogen. ⟶ $\sqrt{x^2} < \sqrt{9}$.

3. Schritt:
Mit $\sqrt{x^2} = |x|$ und $\sqrt{9} = 3$ ergibt sich die Betragsungleichung →

$$|x| < 3.$$

4. Schritt:
Diese Betragsungleichung ist gleichbedeutend mit der Doppelungleichung (siehe Seite 66). →

$$-3 < x < +3.$$

Ergebnis:
Die Lösungsmenge enthält also alle Zahlen zwischen –3 und +3. →

$$\mathbb{L} = \{x \mid -3 < x < +3\}.$$

Weitere Beispiele in Kurzform:

- Die quadratische Ungleichung: $x^2 \leq 2{,}25 \quad \| \sqrt{}$

  $\sqrt{x^2} \leq \sqrt{2{,}25}.$

  Die Betragsungleichung: $|x| \leq 1{,}5.$

  Die Doppelungleichung: $-1{,}5 \leq x \leq +1{,}5.$

  Die Lösungsmenge: $\mathbb{L} = \{x \mid -1{,}5 \leq x \leq +1{,}5\}.$

- Die quadratische Ungleichung: $x^2 - 5 < 1{,}25 \quad \| +5$

  $x^2 < 6{,}25 \quad \| \sqrt{}.$

  Die Betragsungleichung: $|x| < 2{,}5.$

  Die Doppelungleichung: $-2{,}5 < x < +2{,}5.$

  Die Lösungsmenge: $\mathbb{L} = \{x \mid -2{,}5 < x < +2{,}5\}.$

- Die quadratische Ungleichung: $x^2 + 4{,}2 < 3{,}5 \quad \| -4{,}2$

  $x^2 < -0{,}7.$

  Die Lösungsmenge ist leer, weil das Quadrat einer Zahl nicht negativ sein kann: $\mathbb{L} = \{\,\}.$

6 Berechne ebenso die Lösungsmengen der folgenden quadratischen Ungleichungen.

a) $x^2 < 16$; **b)** $x^2 \leq 1{,}44$; **c)** $x^2 < \frac{9}{16}$;

d) $x^2 - 8 \leq 17$; **e)** $x^2 + 12 < 21$; **f)** $x^2 - 5 \leq 59$;

g) $x^2 + 8 \leq 5$; **h)** $x^2 - 1{,}2 \leq 0{,}76$; **i)** $x^2 + \frac{4}{25} \leq 1{,}16$.

4. Quadratische Ungleichungen der Form $x^2 > c$

Gesucht werden alle Zahlen, deren Quadrat größer als 25 ist. Die Suche nach diesen Zahlen führt auf die quadratische Ungleichung $x^2 > 25$.

Zu ihrer Lösungsmenge gelangen wir schrittweise durch die folgende Überlegung:

1. Schritt:
Bei der gegebenen quadratischen Ungleichung ⟶ $x^2 > 25$

2. Schritt:
wird auf beiden Seiten die Wurzel gezogen. ⟶ $\sqrt{x^2} > \sqrt{25}$.

3. Schritt:
Mit $\sqrt{x^2} = |x|$ und $\sqrt{25} = 5$ ergibt sich die Betragsungleichung ⟶ $|x| > 5$.

4. Schritt:
Diese Betragsungleichung lässt sich in zwei betragsfreie Ungleichungen aufgliedern (siehe Seite 70). ⟶ $x < -5$ oder $x > +5$.

Ergebnis:
Die Lösungsmenge enthält also alle Zahlen, die kleiner als –5 oder größer als +5 sind. ⟶ $\mathbb{L} = \{x \mid x < -5 \text{ oder } x > +5\}$.

4 Quadratische Ungleichungen

Weitere Beispiele in Kurzform:

- Die quadratische Ungleichung: $x^2 \geq 1{,}96 \quad \| \sqrt{}$

  $\sqrt{x^2} \geq \sqrt{1{,}96}.$

  Die Betragsungleichung: $|x| \geq 1{,}4.$

  Die beiden betragsfreien Ungleichungen: $x \leq -1{,}4$ oder $x \geq +1{,}4.$

  Die Lösungsmenge: $\mathbb{L} = \{x \mid x \leq -1{,}4 \text{ oder } x \geq +1{,}4\}.$

- Die quadratische Ungleichung: $x^2 - 13 > 3 \quad \| +13$

  $x^2 > 16 \quad \| \sqrt{}$

  $\sqrt{x^2} > \sqrt{16}.$

  Die Betragsungleichung: $|x| > 4.$

  Die beiden betragsfreien Ungleichungen: $x < -4$ oder $x > +4.$

  Die Lösungsmenge: $\mathbb{L} = \{x \mid x < -4 \text{ oder } x > +4\}.$

- Die quadratische Ungleichung: $x^2 + 3{,}2 > 2{,}5 \quad \| -3{,}2$

  $x^2 > -0{,}7.$

  Die Lösungsmenge enthält alle reellen Zahlen, da für das Quadrat einer jeden reellen Zahl gilt $x^2 \geq 0$, also erst recht $x^2 > -0{,}7$. $\mathbb{L} = \mathbb{R}.$

7 Bestimme ebenso die Lösungsmengen der folgenden quadratischen Ungleichungen.

a) $x^2 > 16;$ **b)** $x^2 \geq 81;$ **c)** $x^2 > \frac{16}{81};$

d) $x^2 - 12 \geq 13;$ **e)** $x^2 + 18 \geq 67;$ **f)** $x^2 + 4{,}5 \geq 2{,}5;$

g) $x^2 + 1{,}25 \geq 7{,}5;$ **h)** $x^2 - 1{,}25 > 1;$ **i)** $x^2 + \frac{1}{18} \geq \frac{1}{6}.$

In der folgenden Aufgabe treten die Zeichen <, >, ≤, ≥ bunt durcheinander auf. Also aufpassen!

8 Bestimme die Lösungsmengen der folgenden quadratischen Ungleichungen.

a) $x^2 \leq 49$; **b)** $x^2 > 144$; **c)** $x^2 < \frac{121}{169}$;

d) $x^2 - 15 \geq 10$; **e)** $x^2 + 27 < 91$; **f)** $x^2 - 3{,}65 > 2{,}6$;

g) $x^2 + 1{,}7 \leq 2{,}91$; **h)** $x^2 - \frac{3}{4} > \frac{1}{4}$; **i)** $x^2 + 7\frac{3}{5} \geq 7{,}2$;

k) $x^2 - 4{,}43 < 4{,}57$; **l)** $x^2 + 1 \leq 1$; **m)** $x^2 + 1 < 1$.

5. Quadratische Ungleichungen der Form $(ax + b)^2 < c$

Gegeben ist die quadratische Ungleichung $(x + 2)^2 < 9$.

Zu ihrer Lösungsmenge gelangen wir schrittweise so:

1. Schritt:
Bei der gegebenen quadratischen Ungleichung ⟶ $(x + 2)^2 < 9$

2. Schritt:
wird auf beiden Seiten die Wurzel gezogen. ⟶ $\sqrt{(x + 2)^2} < \sqrt{9}$.

3. Schritt:
Mit $\sqrt{(x + 2)^2} = |x + 2|$ und $\sqrt{9} = 3$ ergibt sich die Betragsungleichung ⟶ $|x + 2| < 3$.

4. Schritt:
Diese Betragsungleichung ist gleichbedeutend mit der Doppelungleichung (siehe Seite 66) ⟶ $-3 < x + 2 < +3$.

5. Schritt:
Damit x allein steht, subtrahieren wir von jedem Glied der Doppelungleichung 2. ⟶

$$-3 - 2 < x + 2 - 2 < +3 - 2$$
$$-5 < x < +1.$$

Ergebnis:
Die Lösungsmenge enthält alle Zahlen zwischen –5 und +1. ⟶

$$\mathbb{L} = \{x \mid -5 < x < +1\}.$$

Weitere Beispiele in Kurzform:

- Die quadratische Ungleichung:

$$(x-4)^2 \le 36 \quad \| \sqrt{}$$
$$\sqrt{(x-4)^2} \le \sqrt{36}.$$

Die Betragsungleichung:

$$|x-4| \le 6.$$

Die Doppelungleichung:

$$-6 \le x-4 \le +6 \quad \| +4$$
$$-6+4 \le x-4+4 \le +6+4$$
$$-2 \le x \le 10.$$

Die Lösungsmenge:

$$\mathbb{L} = \{x \mid -2 \le x \le 10\}.$$

- Die quadratische Ungleichung:

$$(3x+4)^2 - 2 < 23 \quad \| +2$$
$$(3x+4)^2 < 25 \quad \| \sqrt{}$$
$$\sqrt{(3x+4)^2} < \sqrt{25}.$$

Die Betragsungleichung:

$$|3x+4| < 5.$$

Die Doppelungleichung:

$$-5 < 3x+4 < +5 \quad \| -4$$
$$-9 < 3x < 1 \quad \| :3$$
$$-3 < x < \frac{1}{3}.$$

Die Lösungsmenge:

$$\mathbb{L} = \left\{x \mid -3 < x < \frac{1}{3}\right\}.$$

- Die quadratische Ungleichung:

$$\left(\frac{x}{2} - 3\right)^2 + 12 < 5 \quad \| -12$$
$$\left(\frac{x}{2} - 3\right)^2 < -7.$$

Die Lösungsmenge ist leer, weil das Quadrat einer Zahl nicht negativ sein kann.

$$\mathbb{L} = \{\,\}.$$

9 Bestimme ebenso die Lösungsmengen.

a) $(x+5)^2 < 49$;

b) $(x-12)^2 \leq 144$;

c) $(x+6)^2 + 13 < 22$;

d) $(3x-12)^2 < 121$;

e) $(5x+3)^2 - 18 \leq 18$;

f) $\left(\frac{1}{2}x+2\right)^2 + 12 < 133$;

g) $(1{,}6x - 0{,}2)^2 < 0{,}81$;

h) $\left(\frac{3}{4}x+\frac{1}{2}\right)^2 - \frac{4}{5} \leq \frac{16}{25}$.

6. Quadratische Ungleichungen der Form $(ax + b)^2 > c$

Gesucht werden Zahlen mit der folgenden Eigenschaft: Das Quadrat der um 3 verminderten Zahl soll größer als 4 sein. Die Suche nach diesen Zahlen führt auf die quadratische Ungleichung $(x-3)^2 > 9$.

Zu ihrer Lösungsmenge gelangen wir schrittweise so:

1. Schritt:
Bei der gegebenen quadratischen Ungleichung ⟶ $(x-3)^2 > 4$

2. Schritt:
wird auf beiden Seiten die Wurzel gezogen. ⟶ $\sqrt{(x-3)^2} > \sqrt{4}$.

3. Schritt:
Mit $\sqrt{(x-3)^2} = |x-3|$ und $\sqrt{4} = 2$ ergibt sich die Betragsungleichung ⟶ $|x-3| > 2$.

4. Schritt:
Diese Betragsungleichung lässt sich in zwei betragsfreie Ungleichungen aufgliedern (siehe Seite 70). ⟶ $x - 3 < -2$ oder $x - 3 > 2$.

5. Schritt:
Damit x allein steht, addieren wir auf beiden Seiten der Ungleichungen 3. ⟶ $x - 3 + 3 < -2 + 3$

oder $x - 3 + 3 > 2 + 3$

$x < 1$ oder $x > 5$.

Ergebnis:
Die Lösungsmenge enthält also alle Zahlen, die entweder kleiner als 1 oder größer als 5 sind. ⟶ $\mathbb{L} = \{x | x < 1 \text{ oder } x > 5\}$.

Weitere Beispiele in Kurzform:

- Die quadratische Ungleichung: $(x+5)^2 \geq 1{,}69 \quad \| \sqrt{\ }$

  $\sqrt{(x+5)^2} \geq \sqrt{1{,}69}$.

  Die Betragsungleichung: $|x+5| \geq 1{,}3$.

  Die beiden betragsfreien Ungleichungen: $x+5 \leq -1{,}3 \text{ oder } x+5 \geq 1{,}3 \quad \| -5$

  $x \leq -6{,}3 \text{ oder } x \geq -3{,}7$.

  Die Lösungsmenge: $\mathbb{L} = \{x | x \leq -6{,}3 \text{ oder } x \geq -3{,}7\}$.

- Die quadratische Ungleichung: $(5x-2)^2 + 4 > 13 \quad \| -4$

  $(5x-2)^2 > 9 \quad \| \sqrt{\ }$

  $\sqrt{(5x-2)^2} > \sqrt{9}$.

  Die Betragsungleichung: $|5x-2| > 3$.

  Die beiden betragsfreien Ungleichungen: $5x-2 < -3 \text{ oder } 5x-2 > 3 \quad \| +2$

  $5x < -1 \text{ oder } 5x > 5 \quad \| :5$

  $x < -\frac{1}{5} \text{ oder } x > 1$.

  Die Lösungsmenge: $\mathbb{L} = \left\{x \middle| x < -\frac{1}{5} \text{ oder } x > 1\right\}$.

Die quadratische Ungleichung:

$$\left(\frac{2}{3}x + 4\right)^2 + 10 > 8 \quad \| -10$$

$$\left(\frac{2}{3}x + 4\right)^2 > -2.$$

Die Lösungsmenge enthält alle reellen Zahlen, weil das Quadrat einer Zahl stets größer oder gleich null ist, also erst recht größer als –2. $\mathbb{L} = \mathbb{R}$.

10 Berechne ebenso die Lösungsmengen der folgenden Ungleichungen.

a) $(x + 3)^2 > 49$;
b) $(x - 5)^2 \geq 81$;
c) $(x + 7)^2 + 24 \geq 25$;
d) $(5x + 2)^2 > 36$;
e) $(3x - 7)^2 - 24 \geq 25$;
f) $\left(x + \frac{3}{8}\right)^2 + \frac{4}{5} > \frac{21}{25}$;
g) $(0{,}8x + 3{,}2)^2 \geq 1{,}21$;
h) $\left(\frac{3}{5}x - \frac{3}{4}\right)^2 + \frac{3}{8} > \frac{15}{16}$;
i) $(12x + 12)^2 - 12 \geq 24$;
k) $\left(\frac{7}{8}x + \frac{4}{5}\right)^2 + 1\frac{2}{3} \geq 1\frac{1}{2}$.

In der folgenden Aufgabe treten die Zeichen <, >, ≤, ≥ im bunten Wechsel auf. Also aufpassen!

11 Bestimme die Lösungsmengen.

a) $(x - 7)^2 \leq 36$;
b) $(x + 15)^2 > 144$;
c) $(x - 23)^2 + 80 \geq 81$;
d) $(2x - 3)^2 \leq 196$;
e) $(5x + 25)^2 - 20 \geq 16$;
f) $\left(\frac{7}{8}x + \frac{4}{7}\right)^2 + \frac{3}{5} < \frac{1}{2}$;
g) $(1{,}5x + 7{,}5)^2 + 12{,}8 \geq 12{,}5$;
h) $\left(\frac{5}{6}x - \frac{2}{3}\right)^2 + \frac{2}{3} > 1\frac{1}{9}$;
i) $(3{,}2x + 4{,}8)^2 - 1{,}6 \leq 0{,}36$;
k) $(4x - 9)^2 + \frac{3}{4} \leq 0{,}75$;
l) $(7x + 49)^2 + 2\frac{3}{4} > 2{,}75$;
m) $(3{,}9x + 4{,}7)^2 + 0{,}8 \geq \frac{4}{5}$.

7. Quadratische Ungleichungen der Form $x^2 + px + q \gtrless 0$

Gegeben ist die quadratische Ungleichung $x^2 + 8x + 12 < 0$.

Zu ihrer Lösungsmenge gelangen wir schrittweise so:

1. Schritt:
Die gegebene Ungleichung wird so umgeformt, dass das konstante Glied auf der rechten Seite zu stehen kommt. →

$$x^2 + 8x + 12 < 0 \quad \| -12$$
$$x^2 + 8x < -12.$$

2. Schritt:
Nun ergänzen wir die linke Seite der Ungleichung zu einem vollständigen Quadrat (siehe Seite 36). Diese quadratische Ergänzung müssen wir auch auf der rechten Seite addieren. →

$$8 : 2 = 4$$
$$x^2 + 8x + 4^2 < -12 + 4^2$$
$$x^2 + 8x + 16 < -12 + 16$$
$$x^2 + 8x + 16 < 4.$$

3. Schritt:
Jetzt lässt sich die linke Seite der Ungleichung als Quadrat schreiben. →

$$(x+4)^2 < 4.$$

Damit sind wir wieder auf vertrautem Boden und es geht weiter wie gewohnt:

4. Schritt:
Die quadratische Ungleichung: →

$$(x+4)^2 < 4 \quad \| \sqrt{}$$
$$\sqrt{(x+4)^2} < \sqrt{4}.$$

5. Schritt:
Die Betragsungleichung: →

$$|x+4| < 2.$$

6. Schritt:
Die Doppelungleichung: →

$$-2 < x + 4 < 2 \quad \| -4$$
$$-6 < x < -2.$$

Ergebnis:
Die Lösungsmenge: →

$$\mathbb{L} = \{x \mid -6 < x < -2\}.$$

Weitere Beispiele in Kurzform:

- Die quadratische Ungleichung: $x^2 + 10x - 24 \geq 0 \quad \| +24$

  $10:2 = 5$

  Die quadratische Ergänzung:
  $$x^2 + 10x + 5^2 \geq 24 + 5^2$$
  $$x^2 + 10x + 25 \geq 49$$
  $$(x+5)^2 \geq 49 \quad \| \sqrt{\ }$$
  $$\sqrt{(x+5)^2} \geq \sqrt{49}.$$

  Die Betragsungleichung: $|x+5| \geq 7.$

  Die beiden betragsfreien Ungleichungen:
  $$x + 5 \leq -7 \quad \text{oder} \quad x + 5 \geq 7 \quad \| -5$$
  $$x \leq -12 \quad \text{oder} \quad x \geq 2.$$

  Die Lösungsmenge: $\mathbb{L} = \{x \mid x \leq -12 \text{ oder } x \geq 2\}.$

- Die quadratische Ungleichung: $x^2 + 12x - 5 \leq 0 \quad \| +5$

  $12:2 = 6$

  Die quadratische Ergänzung:
  $$x^2 + 12x + 6^2 \leq 5 + 6^2$$
  $$x^2 + 12x + 36 \leq 41$$
  $$(x+6)^2 \leq 41 \quad \| \sqrt{\ }$$
  $$\sqrt{(x+6)^2} \leq \sqrt{41}.$$

  Die Betragsungleichung: $|x+6| \leq \sqrt{41}.$

  Die Doppelungleichung:
  $$-\sqrt{41} \leq x + 6 \leq +\sqrt{41} \quad \| -6$$
  $$-6 - \sqrt{41} \leq x \leq -6 + \sqrt{41}.$$

  Die Lösungsmenge: $\mathbb{L} = \{x \mid -6 - \sqrt{41} \leq x \leq -6 + \sqrt{41}\}.$

- Die quadratische Ungleichung: $x^2 - 6x + 10 \leq 0 \quad \| -10$

  $6:2 = 3$

  Die quadratische Ergänzung:
  $$x^2 - 6x + 3^2 \leq -10 + 3^2$$

4 Quadratische Ungleichungen

$$x^2 - 6x + 9 \leq -1$$
$$(x-3)^2 \leq -1.$$

Die Lösungsmenge ist leer, weil das Quadrat einer Zahl nicht negativ sein kann: $\mathbb{L} = \{\}.$

- Die quadratische Ungleichung: $x^2 + 8x + 20 > 0 \quad \| -20$

$$x^2 + 8x > -20.$$

$8:2 = 4$

Die quadratische Ergänzung: $x^2 + 8x + 4^2 > -20 + 4^2$

$$x^2 + 8x + 16 > -4$$
$$(x+4)^2 > -4.$$

Die Lösungsmenge enthält alle reellen Zahlen, weil das Quadrat einer Zahl stets größer oder gleich null ist, also erst recht größer als –4. $\mathbb{L} = \mathbb{R}.$

12 Bestimme die Lösungsmengen der folgenden quadratischen Ungleichungen.

a) $x^2 + x - 12 < 0;$ **b)** $x^2 + 2x - 35 \geq 0;$
c) $x^2 + 2x + 0{,}96 > 0;$ **d)** $x^2 + 6x - 27 \leq 0;$
e) $x^2 + 12x + 45 > 0;$ **f)** $x^2 - 7{,}4x + 12 < 0;$
g) $x^2 - \frac{4}{15}x - \frac{1}{5} > 0;$ **h)** $x^2 - 0{,}8x + 0{,}16 \leq 0;$
i) $x^2 + 12x + 120 \leq 0;$ **k)** $x^2 + 8x + 12 \geq 0;$
l) $x^2 - 1{,}4x - 6{,}8 < 0;$ **m)** $x^2 - 18x + 45 > 0;$
n) $x^2 + 2{,}6x + 1{,}69 \leq 0;$ **o)** $x^2 + 2{,}6x + 1{,}69 \geq 0;$
p) $x^2 + 2{,}6x + 1{,}69 > 0;$ **q)** $x^2 + 2{,}6x + 1{,}69 < 0;$
r) $x^2 + \frac{3}{4}x - 1\frac{1}{8} \leq 0;$ **s)** $x^2 - 5{,}6x + 7{,}35 \geq 0;$
t) $x^2 + 2x - 195 < 0;$ **u)** $x^2 - 13x + 950 > 0;$
v) $x^2 - 13x - 950 > 0;$ **w)** $x^2 - 48x + 576 > 0;$
x) $x^2 - 48x + 576 \geq 0;$ **y)** $x^2 - 48x + 576 < 0;$
z) $x^2 - 48x + 576 \leq 0.$

8. Zusammenfassung

Das hast du im 4. Kapitel gelernt:

Jede quadratische Ungleichung lässt sich in eine der folgenden Formen bringen:

$$(ax+b)^2 < c. \qquad (ax+b)^2 \leq c. \qquad (ax+b)^2 > c. \qquad (ax+b)^2 \geq c.$$

Ist dabei c *eine negative Zahl* ($c < 0$), *dann ergeben sich, weil das Quadrat einer Zahl stets nichtnegativ ist, also entweder gleich null oder größer als null, die folgenden Lösungsmengen:*

$$\mathbb{L} = \{\}. \qquad \mathbb{L} = \{\}. \qquad \mathbb{L} = \mathbb{R}. \qquad \mathbb{L} = \mathbb{R}.$$

Ist c *eine nichtnegative Zahl* ($c \geq 0$), *dann lässt sich die quadratische Ungleichung durch beiderseitiges Wurzelziehen in eine Betragsungleichung umformen:*

$$|ax+b| < \sqrt{c}. \qquad |ax+b| \leq \sqrt{c}. \qquad |ax+b| > \sqrt{c}. \qquad |ax+b| \geq \sqrt{c}.$$

Die Lösungsmenge dieser Betragsungleichung lässt sich auf dem im 3. Kapitel behandelten Weg ermitteln.

Liegt eine quadratische Ungleichung in der Form

$$(x-a)\cdot(x-b) > 0 \qquad\qquad (x-a)\cdot(x-b) < 0$$

vor, dann lässt sich ihre Lösungsmenge auch dadurch bestimmen, dass man die sich aus der Vorzeichenregel für Produkte aus zwei Faktoren ergebenden Ungleichungen aufstellt:

$x-a>0$ *und* $x-b>0$	$x-a>0$ *und* $x-b<0$
oder	*oder*
$x-a<0$ *und* $x-b<0$.	$x-a<0$ *und* $x-b>0$.

Mit dem folgenden Test kannst du überprüfen, ob du den Stoff des 4. Kapitels verstanden hast. Mehr als zwei Fehler pro Aufgabenblock sollten dir dabei nicht unterlaufen.

9. Test zum 4. Kapitel

Bestimme die Lösungsmengen der folgenden Ungleichungen.

1
a) $(x-5)\cdot(x+6)<0$;
b) $(x+8)\cdot(x+12)\geq 0$;
c) $(x-3{,}2)\cdot(x-1{,}8)>0$;
d) $\left(x+\frac{4}{5}\right)\cdot\left(x-\frac{2}{3}\right)\leq 0$;
e) $x\cdot(x+25)\geq 0$.

2
a) $x^2\leq 144$;
b) $x^2>64$;
c) $x^2-20<29$;
d) $x^2+41\geq 16$;
e) $x^2+25\leq 25$.

3
a) $(x+3)^2\leq 121$;
b) $(x-7)^2>81$;
c) $(3x-7)^2+79\leq 200$;
d) $(5x+8)^2+23<16$;
e) $(1{,}2x-4{,}8)^2+12\geq 9$.

4
a) $x^2+8x+15<0$;
b) $x^2+3x-10\geq 0$;
c) $x^2+1{,}8x+0{,}81\leq 0$;
d) $x^2+14x+50<0$;
e) $x^2-10x+9>0$.

Mit dem nun folgenden Abschlusstest kannst du überprüfen, ob du den gesamten in diesem Band behandelten Stoff beherrschst. Mehr als zwei Fehler pro Aufgabenblock sollten dir dabei nicht unterlaufen. Anderenfalls kannst du ja das entsprechende Kapitel noch einmal durcharbeiten.

Abschlusstest

Bestimme die Lösungsmengen der folgenden quadratischen Gleichungen.

1 a) $(x-3)\cdot(x+4)=0$; b) $(x+7)\cdot(x-2)=0$;
c) $(x-5)\cdot(x-12)=0$; d) $(x+1{,}2)\cdot(x+2{,}4)=0$;
e) $\left(x+\frac{2}{3}\right)\cdot\left(x-\frac{4}{5}\right)=0$.

2 a) $x^2=144$; b) $x^2-16=0$; c) $x^2+76=80$;
d) $4x^2-13=87$; e) $7x^2+38=35$.

3 a) $(x+7)^2=64$; b) $(x-3)^2=2{,}25$; c) $(4x+5)^2=49$;
d) $(x-11)^2+14=10$; e) $(2x+12)^2-83=61$.

4 a) $x^2+8x+15=0$; b) $x^2+6x-16=0$;
c) $x^2+8x-48=0$; d) $x^2-15x+54=0$;
e) $x^2+18x+100=0$.

5 a) $5x^2+10x=75$; b) $x\cdot(x+7)=60$;
c) $(x-5)\cdot(2x-17)-84=(x-7)\cdot(3x+1)$;
d) $x-\frac{1}{x}=4{,}8$; e) $\frac{x}{10-x}+\frac{x-3}{13-x}=3$.

6 Bestimme die Lösungsmengen der folgenden Betragsgleichungen.

a) $|x|=7$; b) $|x-3|=5$; c) $|3x-7|=16$;
d) $|11+5x|=19$; e) $|3-x|=8$.

7 Bestimme die Lösungsmengen der folgenden Betragsungleichungen.

a) $|x|\leq 5$; b) $|x-2|>8$; c) $|2x+3|\geq 8$;
d) $|5x-7|\leq 3$; e) $|4{,}2x+1{,}4|<0$.

5 Abschlusstest

Bestimme die Lösungsmengen der folgenden quadratischen Ungleichungen.

8 **a)** $(x-3)\cdot(x+4)<0$; **b)** $(x-7)\cdot(x-3)\geq 0$;
c) $(x+15)\cdot(x+13)\leq 0$; **d)** $(2x+5)\cdot(3x-7)>0$;
e) $(5x-2)\cdot(2x-5)<0$.

9 **a)** $x^2\leq 25$; **b)** $x^2>\frac{16}{25}$; **c)** $x^2-12<13$;
d) $x^2+1{,}25\geq 7{,}5$; **e)** $x^2+15<15$.

10 **a)** $(x-3)^2\leq 64$; **b)** $(x+5)^2-14>11$;
c) $(3x-4)^2+16\geq 52$; **d)** $\left(\frac{3}{5}x-\frac{3}{4}\right)^2+\frac{3}{8}<\frac{3}{16}$;
e) $(4{,}7x+3{,}8)^2+1{,}3>1{,}25$.

11 **a)** $x^2-6x-16\leq 0$; **b)** $x^2-15x+36>0$;
c) $x^2+2{,}7x+1{,}8<0$; **d)** $x^2+28x+200\leq 0$;
e) $x^2+28x+196>0$.

Kapitel 6

Lösungen

1. Kapitel

1 **a)** $4u^2 + 12uv + 9v^2$; **b)** $49c^2 + 70cd + 25d^2$; **c)** $16x^2 + 96xy + 144y^2$; **d)** $1{,}21a^2 + 1{,}1ab + 0{,}25b^2$; **e)** $6{,}25v^2 + 6vw + 1{,}44w^2$; **f)** $\frac{4}{9}x^2 + \frac{16}{15}xy + \frac{16}{25}y^2$; **g)** $\frac{9}{4}d^2 + 14de + \frac{196}{9}e^2$; **h)** $144a^2 + 4{,}8ab + 0{,}04b^2$; **i)** $\frac{9}{25}e^2 + 2{,}52ef + 4{,}41f^2$.

2 **a)** –; **b)** $(2x + 5y)^2$; **c)** –; **d)** $(c + 12d)^2$; **e)** $(x + 2{,}5)^2$; **f)** $(a + 0{,}5)^2$; **g)** –; **h)** –.

3 **a)** $a^2 + 12ab + 36b^2 = (a + 6b)^2$; **b)** $x^2 + 5xy + 6{,}25y^2 = (x + 2{,}5y)^2$; **c)** $c^2 + 4c + 4 = (c + 2)^2$; **d)** $v^2 + \frac{2}{3}v + \frac{1}{9} = (v + \frac{1}{3})^2$; **e)** $x^2 + 0{,}5x + 0{,}0625 = (x + 0{,}25)^2$; **f)** $d^2 + 9d + 20{,}25 = (d + 4{,}5)^2$; **g)** $a^2 + 3\frac{1}{2}a + \frac{49}{16} = (a + \frac{7}{4})^2$; **h)** $x^2 + 8x + 16 = (x + 4)^2$.

4 **a)** $25x^2 - 30xy + 9y^2$; **b)** $144c^2 - 240cd + 100d^2$; **c)** $u^2 - 6uv + 9v^2$; **d)** $4{,}41a^2 - 3{,}78ab + 0{,}81b^2$; **e)** $6{,}25a^2 - 6{,}5ab + 1{,}69b^2$; **f)** $\frac{9}{25}x^2 - \frac{4}{5}xy + \frac{4}{9}y^2$; **g)** $\frac{49}{9}d^2 - \frac{35}{6}d + \frac{25}{16}$; **h)** $196a^2 - 2{,}8a + 0{,}01$; **i)** $\frac{4}{81}x^2 - \frac{8}{9}x + 4$; **k)** $x^2 - 6{,}2x + 9{,}61$.

5 **a)** –; **b)** $(2a - 2{,}5b)^2$; **c)** $(1{,}5c - 3d)^2$; **d)** –; **e)** $(\frac{3}{4}c - \frac{2}{9}d)^2$; **f)** –; **g)** $(x - \frac{4}{5})^2$; **h)** –.

6 **a)** $x^2 - 6xy + 9y^2 = (x - 3y)^2$; **b)** $a^2 - ab + \frac{1}{4}b^2 = (a - \frac{1}{2}b)^2$; **c)** $d^2 - 3d + \frac{9}{4} = (d - \frac{3}{2})^2$; **d)** $u^2 - \frac{1}{2}u + \frac{1}{16} = (u - \frac{1}{4})^2$; **e)** $x^2 - 12x + 36 = (x - 6)^2$; **f)** $a^2 - 0{,}8a + 0{,}16 = (a - 0{,}4)^2$; **g)** $e^2 - 5ef + 6{,}25f^2 = (e - 2{,}5f)^2$; **h)** $x^2 - 1{,}5x + 0{,}5625 = (x - 0{,}75)^2$.

Test zum 1. Kapitel

1 **a)** $9x^2 + 24xy + 16y^2$; **b)** $4x^2 - 20xy + 25y^2$; **c)** $a^2 - 2{,}4ab + 1{,}44b^2$; **d)** $49u^2 + 42uv + 9v^2$; **e)** $0{,}25x^2 + xy + y^2$; **f)** $\frac{4}{9}e^2 - \frac{2}{3}ed + \frac{1}{4}d^2$; **g)** $0{,}81a^2 - 2{,}7ab + 2{,}25b^2$; **h)** $\frac{16}{25}x^2 + \frac{8}{25}xy + 0{,}04y^2$; **i)** $x^2 - 30x + 225$; **k)** $a^2 + 24a + 144$.

2 **a)** $(2x + 8y)^2$; **b)** –; **c)** $(\frac{2}{5}c - \frac{3}{4}d)^2$; **d)** –; **e)** $(0{,}2a + 0{,}3b)^2$; **f)** –;
g) $(\frac{4}{9}c - \frac{3}{4}d)^2$; **h)** $(x - 15)^2$; **i)** $(x + \frac{5}{6})^2$; **k)** –.

3 **a)** $a^2 + 8ab + 16b^2 = (a + 4b)^2$; **b)** $x^2 - 12xy + 36y^2 = (x - 6y)^2$;
c) $c^2 - 3cd + 2{,}25d^2 = (c - 1{,}5d)^2$; **d)** $v^2 - 11v + \frac{121}{4} = (v - \frac{11}{2})^2$;
e) $x^2 + 5x + 6{,}25 = (x + 2{,}5)^2$; **f)** $a^2 + 3a + 2{,}25 = (a + 1{,}5)^2$;
g) $b^2 - \frac{3}{4}b + \frac{9}{64} = (b - \frac{3}{8})^2$; **h)** $x^2 + \frac{1}{2}x + \frac{1}{16} = (x + \frac{1}{4})^2$;
i) $v^2 - 2{,}4v + 1{,}44 = (v - 1{,}2)^2$; **k)** $x^2 + \frac{7}{8}x + \frac{49}{256} = (x + \frac{7}{16})^2$.

2. Kapitel

1 **a)** $\mathbb{L} = \{-2; -5\}$; **b)** $\mathbb{L} = \{1{,}5; -2{,}8\}$; **c)** $\mathbb{L} = \{\frac{3}{5}; \frac{2}{3}\}$; **d)** $\mathbb{L} = \{4; 2\}$;
e) $\mathbb{L} = \{7{,}5; 3{,}2\}$; **f)** $\mathbb{L} = \{2; -3\}$; **g)** $\mathbb{L} = \{-4; \frac{1}{3}\}$; **h)** $\mathbb{L} = \{-\frac{3}{5}; \frac{10}{3}\}$;
i) $\mathbb{L} = \{0; \frac{3}{2}\}$; **k)** $\mathbb{L} = \{\frac{5}{4}; 0\}$.

2 **a)** $\mathbb{L} = \{9; -9\}$; **b)** $\mathbb{L} = \{0{,}7; -0{,}7\}$; **c)** $\mathbb{L} = \{\ \}$; **d)** $\mathbb{L} = \{\frac{4}{9}; -\frac{4}{9}\}$;
e) $\mathbb{L} = \{\sqrt{10}; -\sqrt{10}\}$; **f)** $\mathbb{L} = \{\sqrt{6{,}4}; -\sqrt{6{,}4}\}$; **g)** $\mathbb{L} = \{\ \}$; **h)** $\mathbb{L} = \{\sqrt{2{,}5}; -\sqrt{2{,}5}\}$;
i) $\mathbb{L} = \{2{,}1; -2{,}1\}$; **k)** $\mathbb{L} = \{\ \}$; **l)** $\mathbb{L} = \{0{,}3; -0{,}3\}$; **m)** $\mathbb{L} = \{\sqrt{0{,}9}; -\sqrt{0{,}9}\}$.

3 **a)** $\mathbb{L} = \{9; -9\}$; **b)** $\mathbb{L} = \{\frac{4}{11}; -\frac{4}{11}\}$; **c)** $\mathbb{L} = \{\ \}$; **d)** $\mathbb{L} = \{\sqrt{15}; -\sqrt{15}\}$;
e) $\mathbb{L} = \{6; -6\}$; **f)** $\mathbb{L} = \{1{,}5; -1{,}5\}$; **g)** $\mathbb{L} = \{\ \}$; **h)** $\mathbb{L} = \{2; -2\}$;
i) $\mathbb{L} = \{\sqrt{12}; -\sqrt{12}\}$; **k)** $\mathbb{L} = \{\ \}$; **l)** $\mathbb{L} = \{6; -6\}$; **m)** $\mathbb{L} = \{5; -5\}$.

4 **a)** $\mathbb{L} = \{7; -11\}$; **b)** $\mathbb{L} = \{15; 3\}$; **c)** $\mathbb{L} = \{-3; -27\}$; **d)** $\mathbb{L} = \{\frac{4}{3}; 0\}$;
e) $\mathbb{L} = \{-2{,}4; -5{,}2\}$; **f)** $\mathbb{L} = \{\ \}$; **g)** $\mathbb{L} = \{-4 + \sqrt{11}; -4 - \sqrt{11}\}$;
h) $\mathbb{L} = \{\frac{11}{2}; -\frac{5}{2}\}$; **i)** $\mathbb{L} = \{-\frac{8}{5}; -\frac{16}{5}\}$; **k)** $\mathbb{L} = \{-4; -5\}$; **l)** $\mathbb{L} = \{1{,}12; -0{,}08\}$;
m) $\mathbb{L} = \{-0{,}375; -6{,}625\}$.

5 **a)** $\mathbb{L} = \{13; -9\}$; **b)** $\mathbb{L} = \{-7; -17\}$; **c)** $\mathbb{L} = \{-0{,}3; -4{,}5\}$; **d)** $\mathbb{L} = \{\ \}$;
e) $\mathbb{L} = \{-2; -12\}$; **f)** $\mathbb{L} = \{3{,}4; -1\}$; **g)** $\mathbb{L} = \{\frac{6}{5}; 0\}$; **h)** $\mathbb{L} = \{1; -8\}$;
i) $\mathbb{L} = \{-14 + \sqrt{43}; -14 - \sqrt{43}\}$; **k)** $\mathbb{L} = \{\ \}$; **l)** $\mathbb{L} = \{-0{,}7\}$; **m)** $\mathbb{L} = \{\frac{3}{2}; -\frac{1}{6}\}$.

6 **a)** $\mathbb{L} = \{3; 5\}$; **b)** $\mathbb{L} = \{-2; 8\}$; **c)** $\mathbb{L} = \{-5; 14\}$; **d)** $\mathbb{L} = \{-12\}$;

6 **e)** $\mathbb{L} = \{10 + \sqrt{2}; 10 - \sqrt{2}\}$; **f)** $\mathbb{L} = \{\ \}$; **g)** $\mathbb{L} = \{5; -6\}$; **h)** $\mathbb{L} = \{\frac{3}{4}; -\frac{7}{8}\}$;
i) $\mathbb{L} = \{1{,}7\}$; **k)** $\mathbb{L} = \{-2{,}5; -2{,}25\}$; **l)** $\mathbb{L} = \{4 + \sqrt{27}; 4 - \sqrt{27}\}$; **m)** $\mathbb{L} = \{0; 3\}$.

7

Gleichung	p	q
$x^2 + 3x + 15 = 0$	3	15
$x^2 + 12x + 5 = 0$	12	5
$x^2 + 6x - 8 = 0$	6	−8
$x^2 - 5x + 3 = 0$	−5	3
$x^2 - 4{,}2x + 3{,}7 = 0$	−4,2	3,7
$x^2 - 1{,}2x - 4{,}8 = 0$	−1,2	−4,8
$x^2 + \frac{4}{9}x - 1 = 0$	$\frac{4}{9}$	−1

Gleichung	p	q
$x^2 - x + 1 = 0$	−1	1
$x^2 + x - \frac{1}{3} = 0$	1	$-\frac{1}{3}$
$x^2 + x + 12 = 0$	1	12

8 **a)** $\mathbb{L} = \{5; -3\}$; **b)** $\mathbb{L} = \{2; 10\}$; **c)** $\mathbb{L} = \{-7; 6\}$; **d)** $\mathbb{L} = \{-8; -2\}$;
e) $\mathbb{L} = \{-\frac{4}{5}; -\frac{3}{4}\}$; **f)** $\mathbb{L} = \{7\frac{1}{2}; -3\frac{3}{4}\}$; **g)** $\mathbb{L} = \{-9\}$; **h)** $\mathbb{L} = \{1{,}3; -2{,}5\}$;
i) $\mathbb{L} = \{2 + \sqrt{3}; 2 - \sqrt{3}\}$; **k)** $\mathbb{L} = \{\ \}$; **l)** $\mathbb{L} = \{2; -7\}$; **m)** $\mathbb{L} = \{\ \}$;
n) $\mathbb{L} = \{7; -2\}$; **o)** $\mathbb{L} = \{-5; -7\}$; **p)** $\mathbb{L} = \{-17; -7\}$;
q) $\mathbb{L} = \{-12 + \sqrt{263}; -12 - \sqrt{263}\}$; **r)** $\mathbb{L} = \{17; 7\}$;
s) $\mathbb{L} = \{12 + \sqrt{263}; 12 - \sqrt{263}\}$; **t)** $\mathbb{L} = \{\frac{2}{7}\}$; **u)** $\mathbb{L} = \{4{,}5; -3{,}2\}$;
v) $\mathbb{L} = \{2{,}8; 6{,}5\}$; **w)** $\mathbb{L} = \{\frac{7}{8}; \frac{3}{4}\}$; **x)** $\mathbb{L} = \{1{,}44; -0{,}2\}$; **y)** $\mathbb{L} = \{\ \}$.

9 **a)** D = −10,75; keine Lösung; **b)** D = 7,25; zwei Lösungen;
c) D = 0; eine Lösung; **d)** D = 3,92; zwei Lösungen;
e) D = 3,92; zwei Lösungen; **f)** D = 0; eine Lösung;
g) $D = -\frac{29}{144}$; keine Lösung; **h)** D = −3,75; keine Lösung;
i) D = 0; eine Lösung; **k)** $D = \frac{19}{625}$; zwei Lösungen.

10 **a)** $x^2 + \frac{17}{4}x - \frac{15}{4} = 0$, $\mathbb{L} = \{\frac{3}{4}; -5\}$; **b)** $x^2 + 7x - 408 = 0$, $\mathbb{L} = \{17; -24\}$;
c) $x^2 + 35x - 114 = 0$, $\mathbb{L} = \{3; -38\}$; **d)** $x^2 + 7x - 8 = 0$, $\mathbb{L} = \{1; -8\}$;
e) $x^2 - x - 600 = 0$, $\mathbb{L} = \{25; -24\}$; **f)** $x^2 - 64 = 0$, $\mathbb{L} = \{8; -8\}$;
g) $x^2 - \frac{5}{2}x - \frac{25}{2} = 0$, $\mathbb{L} = \{5; -\frac{5}{2}\}$; **h)** $x^2 - 10x - 24 = 0$, $\mathbb{L} = \{-2; 12\}$;
i) $x^2 - 3x - 4 = 0$, $\mathbb{L} = \{4; -1\}$; **k)** $x^2 + \frac{3}{2}x - \frac{27}{2} = 0$, $\mathbb{L} = \{3; -\frac{9}{2}\}$;
l) $x^2 + x - 12 = 0$, $\mathbb{L} = \{3; -4\}$; **m)** $x^2 - 5x + 6 = 0$, $\mathbb{L} = \{2; 3\}$;
n) $x^2 - \frac{4}{7}x - \frac{3}{7} = 0$, $\mathbb{L} = \{1; -\frac{3}{7}\}$; **o)** $x^2 - \frac{3}{2}x + \frac{1}{2} = 0$, $\mathbb{L} = \{1; \frac{1}{2}\}$;
p) $x^2 - 5{,}7x + 8 = 0$, $\mathbb{L} = \{3{,}2; 2{,}5\}$; **q)** $x^2 - x - 1 = 0$, $\mathbb{L} = \{\frac{1}{2} + \frac{1}{2}\sqrt{5}; \frac{1}{2} - \frac{1}{2}\sqrt{5}\}$;
r) $x^2 - 35x + 304 = 0$, $\mathbb{L} = \{16; 19\}$; **s)** $x^2 - 400x + 23100 = 0$, $\mathbb{L} = \{70; 330\}$;

10 **t)** $x^2 - \frac{169}{5}x + 144 = 0$, $\mathbb{L} = \{5; 28{,}8\}$; **u)** $x^2 - 11x + 24 = 0$, $\mathbb{L} = \{8; 3\}$;
v) $x^2 - \frac{8}{3}x - \frac{91}{3} = 0$, $\mathbb{L} = \{7; -\frac{13}{3}\}$; **w)** $x^2 + 58x - 248 = 0$, $\mathbb{L} = \{4; -62\}$;
x) $x^2 - \frac{7}{6}x + \frac{5}{18} = 0$, $\mathbb{L} = \{\frac{5}{6}; \frac{1}{3}\}$; **y)** $x^2 - \frac{50}{7}x + 1 = 0$, $\mathbb{L} = \{7; \frac{1}{7}\}$;
z) $x^2 - 13x + 40 = 0$, $\mathbb{L} = \{8; 5\}$.

Test zum 2. Kapitel

1 **a)** $\mathbb{L} = \{7; 3\}$; **b)** $\mathbb{L} = \{4; -4\}$; **c)** $\mathbb{L} = \{17; 0\}$;
d) $\mathbb{L} = \{3; -5\}$; **e)** $\mathbb{L} = \{-\frac{3}{2}; \frac{5}{4}\}$; **f)** $\mathbb{L} = \{-6; 1{,}2\}$.

2 **a)** $\mathbb{L} = \{+4; -4\}$; **b)** $\mathbb{L} = \{\sqrt{11}; -\sqrt{11}\}$; **c)** $\mathbb{L} = \{16; -16\}$;
d) $\mathbb{L} = \{\,\}$; **e)** $\mathbb{L} = \{\frac{5}{4}; -\frac{5}{4}\}$; **f)** $\mathbb{L} = \{5; -5\}$.

3 **a)** $\mathbb{L} = \{15; -11\}$; **b)** $\mathbb{L} = \{-3; -21\}$; **c)** $\mathbb{L} = \{\frac{17}{12}; \frac{1}{4}\}$;
d) $\mathbb{L} = \{\frac{11}{3}; -\frac{19}{3}\}$; **e)** $\mathbb{L} = \{7\frac{1}{2}; -4\frac{1}{2}\}$; **f)** $\mathbb{L} = \{1{,}08; -2{,}52\}$.

4 **a)** $\mathbb{L} = \{-3; 7\}$; **b)** $\mathbb{L} = \{-0{,}6; -0{,}8\}$; **c)** $\mathbb{L} = \{\frac{2}{3}; -\frac{9}{10}\}$;
d) $\mathbb{L} = \{2{,}7\}$; **e)** $\mathbb{L} = \{\,\}$; **f)** $\mathbb{L} = \{14; -15\}$.

5 **a)** $x^2 + \frac{24}{5}x - \frac{512}{5} = 0$, $\mathbb{L} = \{8; -\frac{64}{5}\}$; **b)** $x^2 - 8x + \frac{31}{16} = 0$, $\mathbb{L} = \{\frac{31}{4}; \frac{1}{4}\}$;
c) $x^2 - 6x - 7 = 0$, $\mathbb{L} = \{7; -1\}$; **d)** $x^2 - 8x + 15 = 0$, $\mathbb{L} = \{5; 3\}$;
e) $x^2 - 3x - 18 = 0$, $\mathbb{L} = \{6; -3\}$; **f)** $x^2 - \frac{1}{12}x - \frac{1}{12} = 0$, $\mathbb{L} = \{\frac{1}{3}; -\frac{1}{4}\}$.

3. Kapitel

1 **a)** $\mathbb{L} = \{12; -12\}$; **b)** $\mathbb{L} = \{-0{,}75; 0{,}75\}$; **c)** $\mathbb{L} = \{3\frac{1}{3}; -3\frac{1}{3}\}$;
d) $\mathbb{L} = \{42; -42\}$; **e)** $\mathbb{L} = \{21{,}38; -21{,}38\}$; **f)** $\mathbb{L} = \{15\frac{3}{4}; -15\frac{3}{4}\}$.

2 **a)** $\mathbb{L} = \{-4; -10\}$; **b)** $\mathbb{L} = \{28; -2\}$; **c)** $\mathbb{L} = \{28; -2\}$;
d) $\mathbb{L} = \{-1{,}5; 8{,}5\}$; **e)** $\mathbb{L} = \{1{,}1; -4{,}5\}$; **f)** $\mathbb{L} = \{3; -6\}$;
g) $\mathbb{L} = \{-2; 6\}$; **h)** $\mathbb{L} = \{7; -\frac{41}{5}\}$; **i)** $\mathbb{L} = \{40; -8\}$; **k)** $\mathbb{L} = \{-\frac{13}{12}; \frac{43}{12}\}$.

3 **a)** $\mathbb{L} = \{x \mid -7 < x < 7\}$; **b)** $\mathbb{L} = \{x \mid -12 \le x \le 12\}$; **c)** $\mathbb{L} = \{x \mid -25 < x < 25\}$;

d) $\mathbb{L} = \left\{x \,\middle|\, -\frac{3}{4} \le x \le \frac{3}{4}\right\}$; e) $\mathbb{L} = \left\{x \,\middle|\, -7{,}38 < x < 7{,}38\right\}$;

3 f) $\mathbb{L} = \left\{x \,\middle|\, -5{,}2 \le x \le 5{,}2\right\}$; g) $\mathbb{L} = \{\ \}$; h) $\mathbb{L} = \{0\}$; i) $\mathbb{L} = \{\ \}$.

a) $\mathbb{L} = \left\{x \,\middle|\, -16 < x < 2\right\}$; b) $\mathbb{L} = \left\{x \,\middle|\, -2 < x < 8\right\}$; c) $\mathbb{L} = \left\{x \,\middle|\, -27 \le x \le -3\right\}$;

d) [Beachte: $|3 - x| = |x - 3|$!!] $\mathbb{L} = \left\{x \,\middle|\, -5 \le x \le 11\right\}$;

4 e) $\mathbb{L} = \left\{x \,\middle|\, -11{,}3 \le x \le -3{,}7\right\}$; f) $\mathbb{L} = \left\{x \,\middle|\, -6 \le x \le 3\right\}$; g) $\mathbb{L} = \left\{x \,\middle|\, -3 \le x \le 6\tfrac{1}{2}\right\}$;

h) [Beachte: $|3 - 2x| = |2x - 3|$!!] $\mathbb{L} = \left\{x \,\middle|\, -4 \le x \le 7\right\}$;

i) $\mathbb{L} = \left\{x \,\middle|\, -\frac{149}{15} \le x \le \frac{17}{3}\right\}$; k) $\mathbb{L} = \left\{x \,\middle|\, \frac{13}{24} \le x \le \frac{31}{24}\right\}$.

a) $\mathbb{L} = \left\{x \,\middle|\, x < -1 \text{ oder } x > 1\right\}$; b) $\mathbb{L} = \left\{x \,\middle|\, x < -3{,}5 \text{ oder } x > 3{,}5\right\}$;

5 c) $\mathbb{L} = \left\{x \,\middle|\, x \le -\frac{4}{5} \text{ oder } x \ge \frac{4}{5}\right\}$; d) $\mathbb{L} = \left\{x \,\middle|\, x \le -17 \text{ oder } x \ge 17\right\}$;

e) $\mathbb{L} = \{\text{Alle Zahlen außer Null}\} = \mathbb{R} \setminus \{0\}$; f) $\mathbb{L} = \mathbb{R}$; g) $\mathbb{L} = \mathbb{R}$; h) $\mathbb{L} = \mathbb{R}$.

a) $\mathbb{L} = \left\{x \,\middle|\, x < 7 \text{ oder } x > 17\right\}$; b) $\mathbb{L} = \left\{x \,\middle|\, x < -10 \text{ oder } x > 0{,}4\right\}$;

c) $\mathbb{L} = \left\{x \,\middle|\, x \le -17 \text{ oder } x \ge -13\right\}$;

d) [Beachte: $|7{,}5 - x| = |x - 7{,}5|$!!] $\mathbb{L} = \left\{x \,\middle|\, x \le 5 \text{ oder } x \ge 10\right\}$;

6 e) $\mathbb{L} = \left\{x \,\middle|\, x < -\frac{5}{2} \text{ oder } x > \frac{5}{2}\right\}$; f) $\mathbb{L} = \left\{x \,\middle|\, x < -4 \text{ oder } x > \frac{2}{3}\right\}$;

g) $\mathbb{L} = \left\{x \,\middle|\, x \le -3{,}6 \text{ oder } x \ge 6\right\}$;

h) $\mathbb{L} = \left\{x \,\middle|\, x < -\frac{10}{3} \text{ oder } x > \frac{5}{6}\right\}$; i) $\mathbb{L} = \left\{x \,\middle|\, x \le -5 \text{ oder } x \ge -4\tfrac{1}{2}\right\}$;

k) [Beachte: $|6 - 2x| = |2x - 6|$!!] $\mathbb{L} = \left\{x \,\middle|\, x \le -1 \text{ oder } x \ge 7\right\}$.

a) $\mathbb{L} = \left\{x \,\middle|\, -40 < x < 10\right\}$; b) $\mathbb{L} = \left\{x \,\middle|\, x \le -1{,}4 \text{ oder } x \ge 7\right\}$;

c) $\mathbb{L} = \left\{x \,\middle|\, -\frac{14}{15} \le x \le -\frac{2}{3}\right\}$; d) $\mathbb{L} = \left\{x \,\middle|\, -9 \le x \le 1\right\}$; e) $\mathbb{L} = \mathbb{R}$;

f) $\mathbb{L} = \{\text{Alle Zahlen außer } -1{,}3\} = \mathbb{R} \setminus \{-1{,}3\}$;

g) [Beachte: $|8 - x| = |x - 8|$!!] $\mathbb{L} = \left\{x \,\middle|\, x < 6 \text{ oder } x > 10\right\}$;

h) $\mathbb{L} = \left\{x \,\middle|\, -28 \le x \le 0\right\}$; i) $\mathbb{L} = \left\{x \,\middle|\, x \le -6 \text{ oder } x \ge 3\right\}$;

7 k) $\mathbb{L} = \left\{x \,\middle|\, -\frac{11}{5} < x < 3\right\}$; l) $\mathbb{L} = \left\{x \,\middle|\, x < -3 \text{ oder } x > 6\right\}$;

m) $\mathbb{L} = \left\{x \,\middle|\, -\frac{13}{6} \le x \le 2\right\}$; n) $\mathbb{L} = \left\{x \,\middle|\, x \le -\frac{19}{4} \text{ oder } x \ge \frac{9}{4}\right\}$; o) $\mathbb{L} = \{\ \}$;

p) $\mathbb{L} = \left\{\frac{1}{5}\right\}$; q) $\mathbb{L} = \left\{x \,\middle|\, x < -\frac{17}{3} \text{ oder } x > 11\right\}$; r) $\mathbb{L} = \left\{x \,\middle|\, -3{,}125 < x < -2{,}25\right\}$;

s) $\mathbb{L} = \left\{x \,\middle|\, x \le \frac{1}{12} \text{ oder } x \ge \frac{1}{4}\right\}$; t) $\mathbb{L} = \left\{x \,\middle|\, -3 \le x \le 7{,}8\right\}$;

u) $\mathbb{L} = \left\{x \,\middle|\, x < -2 \text{ oder } x > 1\right\}$; v) $\mathbb{L} = \left\{x \,\middle|\, -1 < x < \frac{3}{5}\right\}$; w) $\mathbb{L} = \left\{x \,\middle|\, -1 \le x \le 3\right\}$;

x) $\mathbb{L} = \left\{x \,\middle|\, -3 \le x \le 1\right\}$; y) $\mathbb{L} = \left\{x \,\middle|\, x < -3 \text{ oder } x > 1\right\}$.

Test zum 3. Kapitel

1 a) $\mathbb{L} = \{-5; 5\}$; b) $\mathbb{L} = \{-22; 8\}$; c) $\mathbb{L} = \{-8; 22\}$; d) $\mathbb{L} = \{-\frac{17}{3}; \frac{7}{3}\}$;
e) $\mathbb{L} = \{1; 5\}$; f) $\mathbb{L} = \{-\frac{9}{4}; \frac{15}{4}\}$.

2 a) $\mathbb{L} = \{x \mid x \leq -5 \text{ oder } x \geq 5\}$; b) $\mathbb{L} = \{x \mid x < -25 \text{ oder } x > 1\}$;
c) $\mathbb{L} = \{x \mid x < -13 \text{ oder } x > 43\}$; d) $\mathbb{L} = \{x \mid x \leq -15 \text{ oder } x \geq 5\}$;
e) $\mathbb{L} = \{x \mid x < -\frac{3}{4} \text{ oder } x > \frac{15}{4}\}$; f) $\mathbb{L} = \{x \mid x \leq -7 \text{ oder } x \geq 1\}$.

3 a) $\mathbb{L} = \{x \mid -7 < x < 7\}$; b) $\mathbb{L} = \{x \mid -23 \leq x \leq 1\}$; c) $\mathbb{L} = \{x \mid -5 \leq x \leq 19\}$;
d) $\mathbb{L} = \{x \mid -2 \leq x \leq -\frac{2}{3}\}$; e) $\mathbb{L} = \{x \mid 1 < x < \frac{7}{3}\}$; f) $\mathbb{L} = \{x \mid 1{,}5 < x < 12{,}5\}$.

4 a) $\mathbb{L} = \{x \mid x \leq -18 \text{ oder } x \geq 12\}$; b) $\mathbb{L} = \{-3{,}5; 8{,}5\}$;
c) $\mathbb{L} = \{x \mid -6{,}5 < x < -1{,}5\}$; d) $\mathbb{L} = \{\frac{3}{7}\}$; e) $\mathbb{L} = \mathbb{R}$; f) $\mathbb{L} = \{\ \}$;
g) $\mathbb{L} = \{\text{Alle Zahlen außer } \frac{3}{7}\} = \mathbb{R} \setminus \{\frac{3}{7}\}$; h) $\mathbb{L} = \{\frac{3}{7}\}$.

4. Kapitel

1 a) $\mathbb{L} = \{x \mid x < 2 \text{ oder } x > 8\}$; b) $\mathbb{L} = \{x \mid x < -2 \text{ oder } x > 8\}$;
c) $\mathbb{L} = \{x \mid x < -8 \text{ oder } x > 2\}$; d) $\mathbb{L} = \{x \mid x < -8 \text{ oder } x > -2\}$;
e) $\mathbb{L} = \{x \mid x \leq -7 \text{ oder } x \geq 5\}$; f) $\mathbb{L} = \{x \mid x < -2 \text{ oder } x > 0\}$;
g) $\mathbb{L} = \{x \mid x < -2 \text{ oder } x > 3\}$; h) $\mathbb{L} = \{x \mid x \leq 0 \text{ oder } x \geq \frac{4}{5}\}$;
i) $\mathbb{L} = \{x \mid x < \frac{1}{2} \text{ oder } x > 4\}$;
k) [Beachte: $(3 - x) \cdot (5 - x) = (x - 3) \cdot (x - 5)$] $\mathbb{L} = \{x \mid x \leq 3 \text{ oder } x \geq 5\}$.

2 a) $\mathbb{L} = \{x \mid 3 < x < 4\}$; b) $\mathbb{L} = \{x \mid -4 < x < 3\}$; c) $\mathbb{L} = \{x \mid -3 < x < 4\}$;
d) $\mathbb{L} = \{x \mid -4 < x < -3\}$; e) $\mathbb{L} = \{x \mid -1 < x < 5\}$; f) $\mathbb{L} = \{x \mid 0 < x < 2\}$;
g) $\mathbb{L} = \{x \mid -5 \leq x \leq 2\}$; h) $\mathbb{L} = \{x \mid 0 \leq x \leq \frac{3}{2}\}$; i) $\mathbb{L} = \{x \mid \frac{3}{2} < x < 5\}$;
k) $\mathbb{L} = \{x \mid 4 \leq x \leq 5\}$.

3 a) $\mathbb{L} = \{x \mid x < -12 \text{ oder } x > 2\}$; b) $\mathbb{L} = \{x \mid -8 \leq x \leq 5\}$;
c) $\mathbb{L} = \{x \mid x \leq 15 \text{ oder } x \geq 25\}$; d) $\mathbb{L} = \{x \mid -28 < x < 0\}$;
e) $\mathbb{L} = \{x \mid x < -\frac{5}{2} \text{ oder } x > 1\}$; f) $\mathbb{L} = \{x \mid -13 \leq x \leq 13\}$;

3 **g)** $\mathbb{L} = \{x \mid x < -15 \text{ oder } x > 15\}$; **h)** $\mathbb{L} = \{x \mid -5 \le x \le 0\}$;
i) $\mathbb{L} = \{x \mid x < -7 \text{ oder } x > 4\}$; **k)** $\mathbb{L} = \{x \mid 1 < x < \frac{7}{2}\}$;
l) $\mathbb{L} = \{x \mid x \le 1 \text{ oder } x \ge \frac{7}{2}\}$; **m)** $\mathbb{L} = \{x \mid x < -\frac{7}{5} \text{ oder } x > 0\}$.

4 **a)** $\mathbb{L} = \{-4; 4\}$; **b)** $\mathbb{L} = \{6\}$; **c)** $\mathbb{L} = \{\frac{4}{5}\}$; **d)** $\mathbb{L} = \{-1{,}2; 1{,}2\}$; **e)** $\mathbb{L} = \{-25; 25\}$;
f) $\mathbb{L} = \{5\}$; **g)** $\mathbb{L} = \{1{,}5\}$; **h)** $\mathbb{L} = \{-\sqrt{2}; \sqrt{2}\}$.

5 **a)** 7; **b)** 5; **c)** 13; **d)** 27; **e)** $\frac{3}{4}$; **f)** 2; **g)** 8; **h)** 24; **i)** $|5x| = 5 \cdot |x|$;
k) $3 \cdot |a|$; **l)** $\left|\frac{x}{2}\right| = \frac{|x|}{2}$; **m)** $|3a - b|$; **n)** $|x + 5|$; **o)** $2 \cdot |x|$; **p)** $|a - 2|$.

6 **a)** $\mathbb{L} = \{x \mid -4 < x < 4\}$; **b)** $\mathbb{L} = \{x \mid -1{,}2 \le x \le 1{,}2\}$; **c)** $\mathbb{L} = \{x \mid -\frac{3}{4} < x < \frac{3}{4}\}$;
d) $\mathbb{L} = \{x \mid -5 \le x \le 5\}$; **e)** $\mathbb{L} = \{x \mid -3 < x < 3\}$; **f)** $\mathbb{L} = \{x \mid -8 \le x \le 8\}$;
g) $\mathbb{L} = \{\ \}$; **h)** $\mathbb{L} = \{x \mid -1{,}4 \le x \le 1{,}4\}$; **i)** $\mathbb{L} = \{x \mid -1 \le x \le 1\}$.

7 **a)** $\mathbb{L} = \{x \mid x < -4 \text{ oder } x > 4\}$; **b)** $\mathbb{L} = \{x \mid x \le -9 \text{ oder } x \ge 9\}$;
c) $\mathbb{L} = \{x \mid x < -\frac{4}{9} \text{ oder } x > \frac{4}{9}\}$; **d)** $\mathbb{L} = \{x \mid x \le -5 \text{ oder } x \ge 5\}$;
e) $\mathbb{L} = \{x \mid x \le -7 \text{ oder } x \ge 7\}$; **f)** $\mathbb{L} = \mathbb{R}$; **g)** $\mathbb{L} = \{x \mid x \le -2{,}5 \text{ oder } x \ge 2{,}5\}$;
h) $\mathbb{L} = \{x \mid x < -1{,}5 \text{ oder } x > 1{,}5\}$; **i)** $\mathbb{L} = \{x \mid x < -\frac{1}{3} \text{ oder } x > \frac{1}{3}\}$.

8 **a)** $\mathbb{L} = \{x \mid -7 \le x \le 7\}$; **b)** $\mathbb{L} = \{x \mid x < -12 \text{ oder } x > 12\}$;
c) $\mathbb{L} = \{x \mid -\frac{11}{13} < x < \frac{11}{13}\}$; **d)** $\mathbb{L} = \{x \mid x \le -5 \text{ oder } x \ge 5\}$; **e)** $\mathbb{L} = \{x \mid -8 < x < 8\}$;
f) $\mathbb{L} = \{x \mid x < -2{,}5 \text{ oder } x > 2{,}5\}$; **g)** $\mathbb{L} = \{x \mid -1{,}1 \le x \le 1{,}1\}$;
h) $\mathbb{L} = \{x \mid x < -1 \text{ oder } x > 1\}$; **i)** $\mathbb{L} = \mathbb{R}$; **k)** $\mathbb{L} = \{x \mid -3 < x < 3\}$; **l)** $\mathbb{L} = \{0\}$;
m) $\mathbb{L} = \{\ \}$.

9 **a)** $\mathbb{L} = \{x \mid -12 < x < 2\}$; **b)** $\mathbb{L} = \{x \mid 0 \le x \le 24\}$; **c)** $\mathbb{L} = \{x \mid -9 < x < -3\}$;
d) $\mathbb{L} = \{x \mid \frac{1}{3} < x < \frac{23}{3}\}$; **e)** $\mathbb{L} = \{x \mid -\frac{9}{5} \le x \le \frac{3}{5}\}$; **f)** $\mathbb{L} = \{x \mid -26 < x < 18\}$;
g) $\mathbb{L} = \{x \mid -\frac{7}{16} < x < \frac{11}{16}\}$; **h)** $\mathbb{L} = \{x \mid -\frac{34}{15} \le x \le \frac{14}{15}\}$.

10 **a)** $\mathbb{L} = \{x \mid x < -10 \text{ oder } x > 4\}$; **b)** $\mathbb{L} = \{x \mid x \le -4 \text{ oder } x \ge 14\}$;
c) $\mathbb{L} = \{x \mid x \le -8 \text{ oder } x \ge -6\}$; **d)** $\mathbb{L} = \{x \mid x < -\frac{8}{5} \text{ oder } x > \frac{4}{5}\}$;
e) $\mathbb{L} = \{x \mid x \le 0 \text{ oder } x \ge \frac{14}{3}\}$; **f)** $\mathbb{L} = \{x \mid x < -\frac{23}{40} \text{ oder } x > -\frac{7}{40}\}$;
g) $\mathbb{L} = \{x \mid x \le -5{,}375 \text{ oder } x \ge -2{,}625\}$; **h)** $\mathbb{L} = \{x \mid x < 0 \text{ oder } x > \frac{5}{2}\}$;
i) $\mathbb{L} = \{x \mid x \le -\frac{3}{2} \text{ oder } x \ge -\frac{1}{2}\}$; **k)** $\mathbb{L} = \mathbb{R}$.

11 **a)** $\mathbb{L} = \{x \mid 1 \le x \le 13\}$; **b)** $\mathbb{L} = \{x \mid x < -27 \text{ oder } x > -3\}$;
c) $\mathbb{L} = \{x \mid x < 22 \text{ oder } x > 24\}$; **d)** $\mathbb{L} = \{x \mid -\frac{11}{2} \le x \le \frac{17}{2}\}$;
e) $\mathbb{L} = \{x \mid x \le -6{,}2 \text{ oder } x \ge -3{,}8\}$; **f)** $\mathbb{L} = \{\ \}$; **g)** $\mathbb{L} = \mathbb{R}$;
h) $\mathbb{L} = \{x \mid x < 0 \text{ oder } x > \frac{8}{5}\}$; **i)** $\mathbb{L} = \{x \mid -1{,}9375 \le x \le -1{,}0625\}$; **k)** $\mathbb{L} = \{\frac{9}{4}\}$;
l) $\mathbb{L} = \{\text{Alle Zahlen außer } -7\} = \mathbb{R} \setminus \{-7\}$; **m)** $\mathbb{L} = \mathbb{R}$.

12 **a)** $\mathbb{L} = \{x \mid -4 < x < 3\}$; **b)** $\mathbb{L} = \{x \mid x \le -7 \text{ oder } x \ge 5\}$;
c) $\mathbb{L} = \{x \mid x < -1{,}2 \text{ oder } x > -0{,}8\}$; **d)** $\mathbb{L} = \{x \mid -9 \le x \le 3\}$; **e)** $\mathbb{L} = \mathbb{R}$;
f) $\mathbb{L} = \{x \mid 2{,}4 < x < 5\}$; **g)** $\mathbb{L} = \{x \mid x < -\frac{1}{3} \text{ oder } x > \frac{3}{5}\}$; **h)** $\mathbb{L} = \{0{,}4\}$;
i) $\mathbb{L} = \{\ \}$; **k)** $\mathbb{L} = \{x \mid x \le -6 \text{ oder } x \ge -2\}$; **l)** $\mathbb{L} = \{x \mid -2 < x < 3{,}4\}$;
m) $\mathbb{L} = \{x \mid x < 3 \text{ oder } x > 15\}$; **n)** $\mathbb{L} = \{-1{,}3\}$; **o)** $\mathbb{L} = \mathbb{R}$;
p) $\mathbb{L} = \{\text{Alle Zahlen außer } -1{,}3\} = \mathbb{R} \setminus \{-1{,}3\}$; **q)** $\mathbb{L} = \{\ \}$;
r) $\mathbb{L} = \{x \mid -\frac{3}{2} \le x \le \frac{3}{4}\}$; **s)** $\mathbb{L} = \{x \mid x \le 2{,}1 \text{ oder } x \ge 3{,}5\}$;
t) $\mathbb{L} = \{x \mid -15 < x < 13\}$; **u)** $\mathbb{L} = \mathbb{R}$; **v)** $\mathbb{L} = \{x \mid x < -25 \text{ oder } x > 38\}$;
w) $\mathbb{L} = \{\text{Alle Zahlen außer } 24\} = \mathbb{R} \setminus \{24\}$; **x)** $\mathbb{L} = \mathbb{R}$; **y)** $\mathbb{L} = \{\ \}$; **z)** $\mathbb{L} = \{24\}$.

Test zum 4. Kapitel

1 **a)** $\mathbb{L} = \{x \mid -6 < x < 5\}$; **b)** $\mathbb{L} = \{x \mid x \le -12 \text{ oder } x \ge -8\}$;
c) $\mathbb{L} = \{x \mid x < 1{,}8 \text{ oder } x > 3{,}2\}$; **d)** $\mathbb{L} = \{x \mid -\frac{4}{5} \le x \le \frac{2}{3}\}$;
e) $\mathbb{L} = \{x \mid x \le -25 \text{ oder } x \ge 0\}$.

2 **a)** $\mathbb{L} = \{x \mid -12 \le x \le 12\}$; **b)** $\mathbb{L} = \{x \mid x < -8 \text{ oder } x > 8\}$;
c) $\mathbb{L} = \{x \mid -7 < x < 7\}$; **d)** $\mathbb{L} = \mathbb{R}$; **e)** $\mathbb{L} = \{0\}$.

3 **a)** $\mathbb{L} = \{x \mid -14 \le x \le 8\}$; **b)** $\mathbb{L} = \{x \mid x < -2 \text{ oder } x > 16\}$;
c) $\mathbb{L} = \{x \mid -\frac{4}{3} \le x \le 6\}$; **d)** $\mathbb{L} = \{\ \}$; **e)** $\mathbb{L} = \mathbb{R}$.

4 **a)** $\mathbb{L} = \{x \mid -5 < x < -3\}$; **b)** $\mathbb{L} = \{x \mid x \le -5 \text{ oder } x \ge 2\}$; **c)** $\mathbb{L} = \{-0{,}9\}$;
d) $\mathbb{L} = \{\ \}$; **e)** $\mathbb{L} = \{x \mid x < 1 \text{ oder } x > 9\}$.

5. Kapitel

1 a) $\mathbb{L} = \{3; -4\}$; b) $\mathbb{L} = \{-7; 2\}$; c) $\mathbb{L} = \{5; 12\}$; d) $\mathbb{L} = \{-1{,}2; -2{,}4\}$;
e) $\mathbb{L} = \{-\frac{2}{3}; \frac{4}{5}\}$.

2 a) $\mathbb{L} = \{-12; 12\}$; b) $\mathbb{L} = \{-4; 4\}$; c) $\mathbb{L} = \{-2; 2\}$; d) $\mathbb{L} = \{-5; 5\}$; e) $\mathbb{L} = \{\ \}$.

3 a) $\mathbb{L} = \{-15; 1\}$; b) $\mathbb{L} = \{1{,}5; 4{,}5\}$; c) $\mathbb{L} = \{-3; \frac{1}{2}\}$; d) $\mathbb{L} = \{\ \}$; e) $\mathbb{L} = \{-12; 0\}$.

4 a) $\mathbb{L} = \{-5; -3\}$; b) $\mathbb{L} = \{-8; 2\}$; c) $\mathbb{L} = \{-12; 4\}$; d) $\mathbb{L} = \{6; 9\}$; e) $\mathbb{L} = \{\ \}$.

5 a) $\mathbb{L} = \{-5; 3\}$; b) $\mathbb{L} = \{-12; 5\}$; c) $\mathbb{L} = \{-8; 1\}$; d) $\mathbb{L} = \{-0{,}2; 5\}$;
e) $\mathbb{L} = \{7; 12\}$.

6 a) $\mathbb{L} = \{-7; 7\}$; b) $\mathbb{L} = \{-2; 8\}$; c) $\mathbb{L} = \{-3; \frac{23}{3}\}$; d) $\mathbb{L} = \{-6; \frac{8}{5}\}$;
e) $\mathbb{L} = \{-5; 11\}$.

7 a) $\mathbb{L} = \{x \mid -5 \le x \le 5\}$; b) $\mathbb{L} = \{x \mid x < -6 \text{ oder } x > 10\}$;
c) $\mathbb{L} = \{x \mid x \le -\frac{11}{2} \text{ oder } x \ge \frac{5}{2}\}$; d) $\mathbb{L} = \{x \mid \frac{4}{5} \le x \le 2\}$; e) $\mathbb{L} = \{\ \}$.

8 a) $\mathbb{L} = \{x \mid -4 < x < 3\}$; b) $\mathbb{L} = \{x \mid x \le 3 \text{ oder } x \ge 7\}$;
c) $\mathbb{L} = \{x \mid -15 \le x \le -13\}$; d) $\mathbb{L} = \{x \mid x < -\frac{5}{2} \text{ oder } x > \frac{7}{3}\}$;
e) $\mathbb{L} = \{x \mid \frac{2}{5} < x < \frac{5}{2}\}$.

9 a) $\mathbb{L} = \{x \mid -5 \le x \le 5\}$; b) $\mathbb{L} = \{x \mid x < -\frac{4}{5} \text{ oder } x > \frac{4}{5}\}$; c) $\mathbb{L} = \{x \mid -5 < x < 5\}$;
d) $\mathbb{L} = \{x \mid x \le -2{,}5 \text{ oder } x \ge 2{,}5\}$; e) $\mathbb{L} = \{\ \}$.

10 a) $\mathbb{L} = \{x \mid -5 \le x \le 11\}$; b) $\mathbb{L} = \{x \mid x < -10 \text{ oder } x > 0\}$;
c) $\mathbb{L} = \{x \mid x \le -\frac{2}{3} \text{ oder } x \ge \frac{10}{3}\}$; d) $\mathbb{L} = \{\ \}$; e) $\mathbb{L} = \mathbb{R}$.

11 a) $\mathbb{L} = \{x \mid -2 \le x \le 8\}$; b) $\mathbb{L} = \{x \mid x < 3 \text{ oder } x > 12\}$;
c) $\mathbb{L} = \{x \mid -1{,}5 < x < -1{,}2\}$; d) $\mathbb{L} = \{\ \}$;
e) $\mathbb{L} = \{\text{Alle Zahlen außer } -14\} = \mathbb{R} \setminus \{-14\}$.